调节免疫力

李继玉 ◎ 编著

中医古籍出版社
Publishing House of Ancient Chinese Medical Books

图书在版编目（CIP）数据

滋补汤调节免疫力 / 李继玉编著. -- 北京：中医古籍出版社, 2024. 9. -- ISBN 978-7-5152-2888-4

Ⅰ. TS972.122

中国国家版本馆CIP数据核字第20242S3N92号

滋补汤调节免疫力

李继玉　　编　著

策划编辑　李　淳
责任编辑　李　洪
封面设计　王青宜
出版发行　中医古籍出版社
社　　址　北京市东城区东直门内南小街 16 号（100700）
电　　话　010-64089446（总编室）010-64002949（发行部）
网　　址　www.zhongyiguji.com.cn
印　　刷　水印书香（唐山）印刷有限公司
开　　本　787mm × 1092mm　1/32
印　　张　6.5
字　　数　120 千字
版　　次　2024 年 9 月第 1 版　2024 年 9 月第 1 次印刷
书　　号　ISBN 978-7-5152-2888-4
定　　价　58.00 元

目录

第一章
免疫力是身体的“防火墙”

第二章
每天一碗汤，增强免疫新活力

第三章

应季滋补汤，激发身体自愈力

春季

夏季

秋季

冬季

第四章

五脏养生汤，助你元气满满

养心

养肝

养脾胃

养肺

养肾

第五章
因人而养，喝出平和好体质

气虚体质

调节内分泌

维护血管健康

改善畏寒

改善食欲不振

改善健忘

第七章

对症养生汤，改善症状一身轻

便秘

感冒

更年期综合征

脂肪肝

第一章

免疫力是身体的“防火墙”

免疫力是人体自身的防御机制，和电脑的“防火墙”有类似之处，通过构建一层保护屏障，保护自身的同时排除“异己”。因此，要想保证不被病邪侵入，就要升级防火墙，提高自身免疫力。

免疫力小测试

本测试由黄洁夫、吴蔚然、方圻、钱贻简等著名保健专家拟定：

序号	选项	是	否
1	你经常锻炼身体吗？	+1	+0
2	你控制情绪的能力好吗？	+1	+0
3	你的手和脚冬天时常长冻疮吗？	+0	+1
4	你一年感冒不少于4次吗？	+0	+2
5	身体感觉不舒服，有点不适就要吃药吗?	+0	+1
6	你经常吃蔬菜，日常注重补充维生素吗?	+1	+0
7	你交际广泛，朋友众多吗?	+1	+0
8	家庭生活让你感觉很幸福吗?	+1	+0
9	你经常去散步，呼吸新鲜空气?	+1	+0
10	你有吸烟的习惯吗?	+0	+1
11	偶尔喝一点酒但并不嗜酒?	+1	+0
12	你生活、工作在城市里吗？	+0	+1
13	你经常关注自己的体重，不让自己过于肥胖吗?	+1	+0
14	你经常以车代步吗?	+0	+1
15	你与很多同事在一个房间里工作吗？	+0	+1
16	你很注意饮水，每天都能足量饮水?	+1	+0
17	你工作很繁忙、压力很大吗?	+0	+1
18	你经常在房间里待着，而不想出去晒晒太阳?	+0	+1
19	你经常焦虑吗？	+0	+1
20	你注意日常保健、注重个人卫生吗?	+1	+0

保健专家提示：

你的免疫力较低，可能正饱受疾病的困扰。应想办法增强自身的抵抗力。

你的免疫系统出现了一点问题，应赶快纠正不良的生活方式和错误的饮食观念，比如适量运动，常吃富含维生素的食物等，从而增强自身的抗病能力。

总分 15~20

你的免疫力较好，需要继续保持。

什么是免疫力

“免疫”一词，最早出现于中国明代医书《免疫类方》，指的是“免除疫病”，即预防和治疗传染病。“免疫”一词也有适应恶劣外在环境、身体抵抗病邪的意思，也指精神上的抵抗力。

世界卫生组织对免疫力进行了概括：免疫力是人体自身的防御机制，是人体识别和消灭外来侵入的所有对人体有害的异物，并处理损伤、衰老、变性、死亡的自身细胞，以及处理、识别体内的突变细胞和病毒感染细胞的能力。现代免疫学认为，免疫力是人体识别和排除“异己”的一种生理反应。人体内执行这一功能的是免疫系统，免疫系统由免疫器官、免疫细胞、免疫因子等组成。

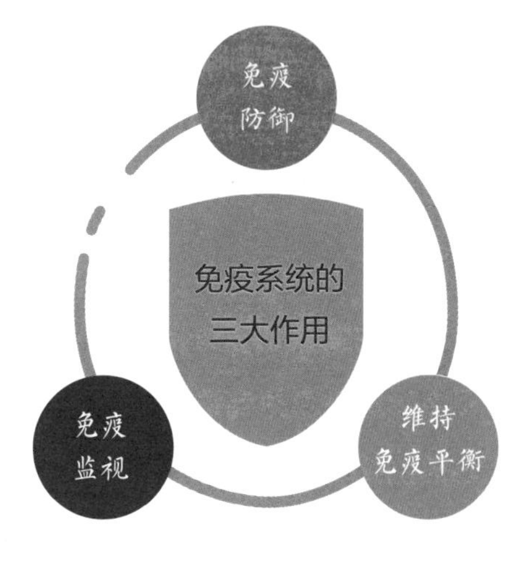

免疫力一部分来自先天，一部分来自后天。人体的免疫包括两种类型：非特异性免疫（又称先天免疫或固有免疫）和特异性免疫（又称获得性免疫或适应性免疫）。非特异性免疫是人天生就具有的，而特异性免疫需要经历一个过程才能获得。

构筑免疫力，不能忽略这些营养素

饮食是为免疫力充电的重要帮手。生活中，大家应尤其注意以下重要营养素的摄入。

蛋白质

蛋白质的来源	
动物性食物	猪肉、牛肉、羊肉、鸡肉、鸭肉
豆类及豆制品	黄豆、豆腐、豆浆
奶类及其制品	牛奶、羊奶、酸奶、奶酪
蛋类	鸡蛋、鸭蛋、鹅蛋、鸽蛋、鹌鹑蛋

人体在与外界作斗争维持免疫力的过程中，抗体是必不可缺的武器。蛋白质是形成抗体的基础，缺乏蛋白质直接影响抗体合成，相当于打仗没有刀枪。蛋白质是构成淋巴细胞、白细胞、巨噬细胞等免疫细胞的主要物质，充足的蛋白质可使免疫细胞和免疫蛋白数量迅速增加，提高人体免疫力，可有效防止病菌入侵。严重的蛋白质缺乏会影响免疫器官，如胸腺重量减轻和萎缩等。只有当蛋白质营养状况改善后，这些受损的免疫功能才能得到恢复。

维生素 A

维生素 A 的来源	
动物肝脏	猪肝、羊肝、鸡肝、鸭肝、鹅肝、鱼肝油
蔬菜	胡萝卜、南瓜、红心甜薯、菠菜、土菜
水果	芒果、橙子、橘子、柿子、香蕉、草莓、杏子、苹果
奶蛋类	奶油、蛋黄

维生素 A 对于维持呼吸道和胃肠道黏膜的完整性及黏膜表面抗体的生成，维持上皮细胞的防御能力具有重要作用，可以抵御致病菌的侵袭。维生

素 A 在 T 细胞、B 细胞的生长、分化、激活中发挥着重要的作用。维生素 A 还能影响巨噬细胞的吞噬杀菌能力。作为维生素 A 源的类胡萝卜素具有很强的抗氧化作用，可以增加特异性淋巴细胞亚群的数量，增强吞噬细胞、自然杀伤细胞的活性，刺激各种细胞因子的生成，有增强免疫系统活力的作用。营养研究表明，给老年人和免疫功能低下者补充 β－胡萝卜素可提高免疫力。

维生素 C

维生素 C 是广泛存在于人体淋巴液和血液当中的一种重要的抗氧化剂。维生素 C 对免疫系统的作用主要表现：促进抗体形成和干扰素的产生，增强白细胞的吞噬作用，提高机体的免疫功能和应激能力，降低感染性疾病的发病率。维生素 C 对淋巴结、脾脏、胸腺等组织器官生成淋巴细胞有显著影响，还可以通过提高人体内其他抗氧化剂的水平而增强机体的免疫功能。如维生素 C 可减少致癌物质亚硝胺在人体内聚集，降低癌症发病率。维生素 C 的抗氧化作用，可避免自由基对细胞组织造成突变或形成癌细胞，进而减少癌症的发生。当人体缺乏维生素 C 时，淋巴细胞内的维生素 C 含量减少，淋巴细胞的免疫功能就会下降，白细胞的杀菌能力也会随之减弱。

维生素 C 很娇气，长时间加热容易被破坏，烹调时最好选择水焯或快炒

维生素 C 含量最丰富的食物就是新鲜蔬果，如蔬菜中的西红柿、西兰花、大白菜等；水果中的猕猴桃、草莓、山楂、木瓜等。

锌

锌是人体内 100 余种酶的组成成分，尤其对免疫系统的发育和正常免疫功能的维持有不可忽视的作用。缺锌会引起免疫系统的组织器官萎缩，影响 T 淋巴细胞的功能、胸腺素的合成与活性、抗体依赖性细胞介导的细胞毒性、淋巴细胞与 NK 细胞的功能、淋巴因子的生成以及吞噬细胞的功能等，导致机体对多种致病因素易感性增高。许多免疫功能降低的临床病例都与锌缺乏有关，例如，锌缺乏可出现食欲降低、皮肤损害等；锌缺乏的儿童可对感染敏感，伤口愈合不良；对于本身体内缺锌的儿童，补锌可缩短儿童急性上呼吸道感染、肺炎的病程，并降低其发生率。

含锌丰富的食物主要有两大类：海产贝类和菌菇类，另外在瘦肉、动物肝脏、山核桃等食物中的含量也比较丰富。

铁

铁缺乏时会使胸腺淋巴细胞及外周血 T 细胞减少，外周淋巴细胞对抗原的反应下降，补体活性和 C3 水平下降，干扰素活性及白细胞介素产量均下降，进而影响抗体产生，导致免疫反应缺陷。铁缺乏还可以干扰细胞内含铁金属酶的作用，影响吞噬细胞的杀菌力。铁能帮助我们抵御疾病，人体一旦缺铁就会导致免疫力下降，就容易生病。可适量吃些“补铁高手”，如动物肝脏、动物血、红肉（猪瘦肉、牛肉、羊肉）等。

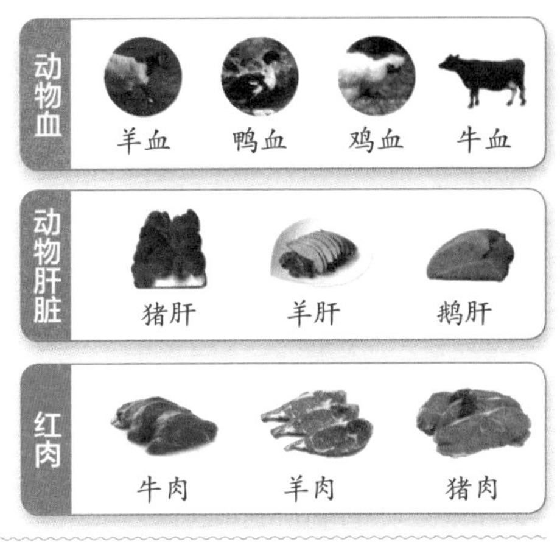

硒

硒在人体淋巴结、脾脏及肝脏等组织的含量最高，而这些组织也是免疫细胞的集中地。硒几乎存在于人体所有免疫细胞中，有保护胸腺、维持淋巴细胞活性和促进抗体形成的作用。补充适量的硒元素可帮助提高机体免疫力，抵御胃肠道疾病、肝病、心血管疾病等。硒能清除人体内的自由基，排除体内毒素；还能抗氧化，有效抑制过氧化脂质的产生，防止血凝块，清除胆固醇，增强人体免疫功能。相关研究发现，血硒水平的高低与癌症的发生息息相关，硒能够抑制致癌物的活性，防止癌细胞的分裂与生成，被称为“抗癌之王”。

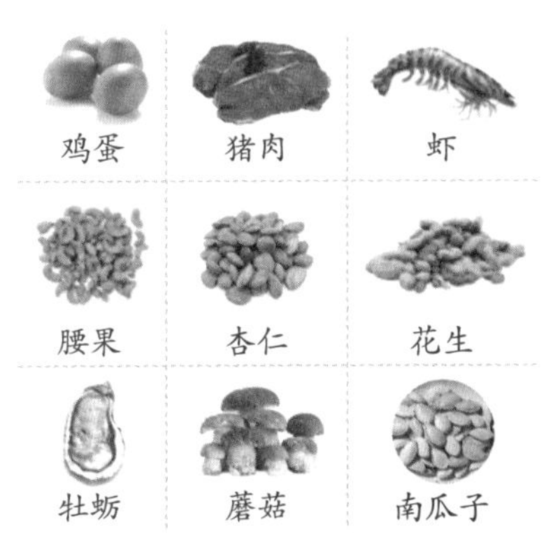

含硒丰富的食物：鸡蛋、猪肉、牡蛎、虾、紫薯、蘑菇、腰果、杏仁、花生、南瓜子等。

午睡能增强人体自愈力

体质较差的人群，如果每天养成适量午睡的好习惯，有助于提升免疫力，增强抗病能力。

怎样午睡才健康

◎**不要饭后即睡。**因为刚吃完午饭，胃内充满食物，消化机能正处于运动状态，这时立即午睡会影响胃肠的消化，不利于食物的吸收，长期如此容易引起胃病，同时也影响午睡的质量。

◎**注意睡姿。**正确的午睡姿势是将裤带放松，以向右侧卧、两膝微屈为主。这样睡心脏不受挤压，两膝微屈可使肌肉放松，便于胃肠的蠕动，有助于消化。尽量不要直接趴在桌上睡午觉，容易引发颈椎病。

◎**午睡时间不要过长。**午睡过长醒后会昏昏沉沉，还会造成夜里失眠。午休或午休时间以 0.5~1 小时为宜。

这三类人午睡有讲究

◎**体重超标 20% 者。**午睡易使肥胖加剧，不妨改在午饭前睡 20 ~ 30 分钟。

◎**低血压者。**午睡的时间不宜长，最好以半小时为宜。

◎**血液循环系统有严重障碍，特别是因脑血管问题而经常头晕的人。**最好在餐前或餐后半小时后，喝杯白开水再午睡，这样午睡能减少脑血管意外的风险。

疫苗
——健康的卫士

接种疫苗可以提升预防疾病的免疫力。人一生中各个年龄段都有相对应的疫苗。疫苗并非仅针对儿童，成人疫苗免疫同样不容忽视，比如流感疫苗、HPV 疫苗、带状疱疹疫苗、乙肝疫苗等。而你了解疫苗吗？目前的生物疫苗可分为 6 类：减毒活疫苗、灭活疫苗、亚单位疫苗、基因重组蛋白疫苗、结合疫苗，以及联合疫苗。

减毒活疫苗

减毒活疫苗是将病毒或细菌的毒力降低至不能使人致病，但又保留其活性状态，能刺激人体产生免疫应答的疫苗。常见的减毒活疫苗：麻疹减毒活疫苗、水痘减毒活疫苗等。免疫功能缺陷者不能接种减毒活疫苗。

◎**优点：**只需接种一次，即可达到满意的效果。

◎**缺点：**是活病毒制剂，有可能污染其它活的病原体；对保存和运输的要求较高。

灭活疫苗

灭活疫苗是指先对细菌或病毒进行培养，然后用加热或化学剂（通常是福尔马林）将其灭活。灭活疫苗可由整个病毒或细菌组成，也可由它们的裂解片段组成为裂解疫苗。常见的灭活疫苗：百白破疫苗、流行性感冒疫苗、狂犬病疫苗和甲肝灭活疫苗等。

◎**优点：**安全性高，因为病毒活性已被杀灭；易于保存、运输。

◎**缺点：**第一次接种只起到“启动”人体免疫系统的作用，产生的抗体不能达到保护水平，需要接种第 2 剂次或第 3 剂次后，抗体才能达到预期水平。

亚单位疫苗

亚单位疫苗是通过化学分解或有控制性的蛋白质水解方法，提取细菌、病毒的特殊蛋白质结构，筛选出的具有免疫活性的片段制成的疫苗。

◎**优点：**保护性抗原明确，能减少接种后的不良反应。

◎**缺点：**需要通过佐剂来增强其免疫效果。

基因重组蛋白疫苗

基因重组蛋白疫苗通过重组 DNA 技术克隆并表达保护性抗原，纯化后添加佐剂制成的。

◎**优点：**能通过基因重组技术获得，能够产生保护性免疫反应的抗原结构非常明确。

◎**缺点：**需要通过佐剂来增强其免疫效果。

结合疫苗

结合疫苗是通过特定化学反应将细菌多糖抗原和蛋白载体结合制成的疫苗。

◎**优点：** 能使人体产生具有针对性的适应性免疫应答和抗体，预防效果较好。

◎**缺点：** 免疫原性容易受到不同的生产工艺和结合工艺的影响。

联合疫苗

联合疫苗是由不同抗原进行混合后制成，包括多联疫苗和多价疫苗。多联疫苗能预防由不同病原微生物引起的传染病，而多价疫苗能预防由同种微生物的不同血清型引起的传染病。常见的联合疫苗有麻疹—风疹联合减毒活疫苗、甲—乙肝联合疫苗等。

◎**优点：** 使多种疫苗同时接种从而减少接种次数，有效性和安全性并不减弱。

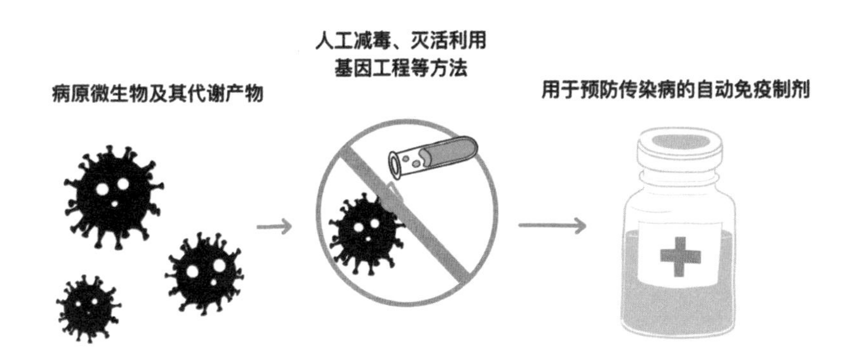

认清免疫力的误区很重要

当前，越来越多的人认识到了免疫力的重要性，但是，仍有很多人对免疫力的认识是模糊的。面对免疫力这个既抽象又具象的概念，我们的认知难免会走进误区。

免疫力等于抵抗力

◎**不全对。**免疫力不仅指人体抵御外来细菌、病毒等异物的能力，也包括维护体内环境稳定、清除体内异常细胞（如癌细胞）的能力。如果把人体健康比作国家的安全，那么免疫系统就是守护国家安全的军事力量，它对外发挥着御敌功能，对内发挥着维稳功能。而我们常说的抵抗力，除了指机体的排异能力，还包含抗损伤能力和损伤修复能力。

吃营养补充剂能提高免疫力

◎**当心不良反应。**任何营养素摄入过多都会引发不良的健康问题。例如，维生素摄入过多会导致恶心、呕吐、腹泻等症状；蛋白质（尤其是动物蛋白）摄入过多容易引发肥胖、心血管病等。要坚持均衡多样化饮食，满足人体所需的营养摄入即可。若因特殊情况无法通过日常膳食摄入均衡的营养，可咨询营养学或医疗专业人士，在其指导下服用膳食营养补充剂。

越干净越不容易生病

◎**“太干净”对身体来说可能并不是好事。**“过于干净卫生的环境会让人体免疫系统‘好坏不分了’了，反而使人们对很多物质过敏了。”这是西班牙免疫和儿童过敏症研究会得出的结论。这项报告表明，近几十年来，过敏性疾病的发病率逐步增加，除了环境污染日趋严重和人们饮食习惯的改变外，一个重要原因是人们太追求干净了。

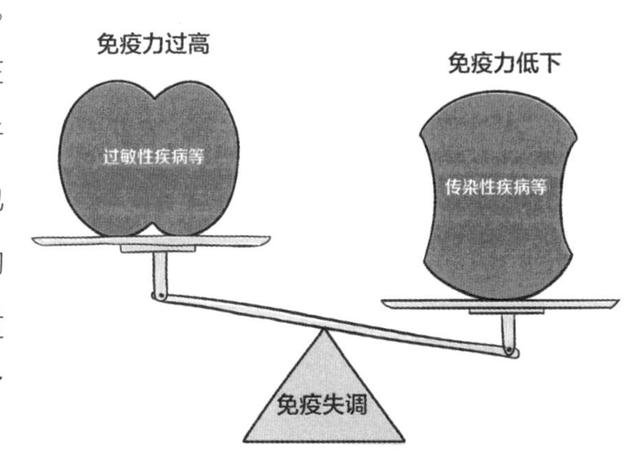

虽然清洁的环境在某种程度上有利于我们的健康，但也同时扰乱了我们的免疫系统，增加过敏的风险，降低了机体免疫力。

免疫力越强越好

◎**免疫力就像血糖和血压，低了不是好事，容易引起细菌和病毒的感染，但太高也是病，对人体有害。**免疫反应太强烈，容易患上类风湿、红斑狼疮等自身免疫性疾病。因此，提升免疫力的关键在于维持免疫功能的正常运行，将免疫力保持在均衡状态，使人体具有良好的自我调节能力。

抗生素就是消炎药

◎抗生素不是消炎药!

抗生素又叫抗菌药物，主要用于由微小病原体等引起的感染性疾病，比如细菌感染、支原体感染、衣原体感染等，能杀死细菌或者抑制体内细菌的生长繁殖。消炎药则主要用于抑制、消除炎症。所谓“炎症”是机体对外界刺激产生的防御反应，如病毒、真菌、细菌感染引起的发热、红肿、疼痛等。

有这些关键词的药是抗生素：西林、青霉素、头孢、霉素、沙星、硝唑等；**常见的消炎药：**阿司匹林、对乙酰氨基酚（扑热息痛）、布洛芬、萘普生、塞来昔布、塞米松、泼尼松、氢化可的松、环孢素、他克莫司等。

细菌都是人类的敌人

◎人体内生长着很多正常菌群，这些菌群在病原菌侵入机体时，在一定程度上会帮助机体抵御外来病原菌的入侵。对婴幼儿来说，正常菌群的建立与平衡更为重要。胎儿在母体内是无菌的，体内免疫能力等于零。出生之后，随着肠道内、皮肤上正常菌群的寄存，人体的免疫系统开始启蒙、发育，并逐渐走向成熟。

这些运动有助于增强免疫力

运动是增强身体活力，提高免疫力的重要途径。以下这些运动有助于增强免疫力。

健步走

健步走是既简单又安全的有氧运动，可以促进全身的协调性和血液循环，改善人的精神状态，调节免疫力，提高抗病能力。健步走还是调整代谢的天然“药物”，它有助于促进代谢的正常化，可改善睡眠，更能让身体的免疫系统张弛有度。

健身操

健身操是良好的全身运动和有氧运动，可以锻炼全身，运动量适中，能有效改善头部血液循环，减轻颈椎病的症状，尤其适合居家锻炼以及办公室锻炼。既能增强体质，又能愉悦心情，对提高免疫力大有帮助。

慢跑

慢跑能增强体质，还能使血液中淋巴细胞、白细胞、巨噬细胞等明显增多，可起到提升免疫力的作用。另外，慢跑时能让人吸入比平常多几倍甚至几十倍的氧气，可增强免疫细胞吞噬作用，有助于免疫力减弱的老年人预防疾病。

瑜伽

瑜伽通过细微调整人体内环境，使人的呼吸、血压、心率、新陈代谢等达到正常或最佳状态。练习瑜伽对失眠、神经衰弱、头疼、肩周炎、腰背疼、胃肠疾病等都有调理作用，可改变人的亚健康状态，提升免疫力，促进身心健康、情绪稳定。

太极拳

太极拳强调放松身心、调节呼吸、调整身体平衡，同时也是一种身体锻炼和运动方式。研究表明，太极拳对身心、健康有诸多益处，包括提高免疫力，减轻压力、增强耐力和提高心理健康，以及增强体质，改善胃肠道等，从而整体提高脏腑免疫力。

跳跃

跳跃能增强人体心血管、呼吸和神经系统的功能，可以预防如关节炎、肥胖症、骨质疏松、肌肉萎缩、失眠症、抑郁症等多重症病。坚持每天跳一跳，可以改善新陈代谢，提高免疫力。

力量训练

力量训练有利于增加肌肉量，肌肉的多少与免疫系统的强弱有关。这是因为肌肉能储存免疫系统所需要的蛋白质及分泌免疫相关细胞激素。因此，当身体肌肉量不足或流失的时候，免疫系统的功能会随之下降。国外研究发现，当肌肉量下降 10%，人体的免疫能力与染病风险开始增加；肌肉量下降 30%，患重症的几率会大幅提升；肌肉量下降超过 40% 时，感染肺炎、造成死亡的风险将大幅提升。常见的力量训练：仰卧起坐、俯卧撑、原地下蹲、抬脚后跟等，平板支撑、臀桥等在锻炼腰腹、躯干力量方面都很有效果。

心情好免疫力才会好

现代医学研究证实，好的情绪，如愉悦、欢快、乐观、安全感、满足感、美感、理解感、荣誉感等，可使神经内分泌系统的功能协调平衡，增强机体的抗病能力。

研究还表明，情绪愉悦可促使体内分泌有利于抗癌的物质，如干扰素 -1 可抑制儿童血管瘤和白血病的发生；肝细胞调节因子对肝癌、黑色素瘤及鳞癌细胞有抑制作用；抑瘤素 M 对黑色素瘤、肺癌、膀胱癌、乳腺癌、前列腺癌等均可起到抑制作用。

由此可见，那些知足常乐、豁达开朗的人具有较强的抵抗力，能积极预防某些疾病的发生。

现代心理免疫学研究表明，紧张、恐惧、疼痛、环境变化等外界刺激引起的不良心理刺激能够导致免疫功能紊乱，增加对疾病的易感性。当一个人受到抑郁、愤怒、焦虑、紧张、恐惧等情绪性应激，或低温、高温、中毒、感染、外伤、疼痛、过度疲劳等躯体性应激等不良刺激时，会抑制免疫系统的功能，使抗体数量减少，免疫力下降。

微笑也是一种免疫力！

第二章

每天一碗汤，增强免疫新活力

“无汤不上席，无汤不成宴。”汤是中国人餐桌上必不可少的角色，喝汤是中国人自古延续至今的饮食传统，也是公认的较好的滋补养生方式。经常喝汤益处多，汤中的营养成分更容易被人体吸收，在人体内的利用率也高。许多长寿老人、百岁寿星，皆以汤为一生的主要补养。每天一碗汤，增强免疫新活力，身体保安康。

每天一碗汤，身体更健康

人类自有陶器以来，就有了煮这种烹调方式。在早期人类的食物烹制中，除了用火烤就是用水煮。原始人在食物匮乏之时期，汤、粥、菜、饭是不分的。不知从何时开始，羹汤成了体力虚弱者的养生饮食。

从中医的角度来讲，世上所有可食用的物质都有药性，并且都能以煮汤的方法来发挥其最大的功用。这让汤蕴含了极其丰富的营养物质，因为各种食物的营养成分都会在煮汤的过程中充分渗出，其中包括蛋白质、维生素、钙、铁、钾、锌等多种人体所必需的营养物质，煲好汤，喝对汤可以为我们的身体带来很多好处，滋养身心。

从某种程度上来讲，喝汤比吃炒菜更营养。举例来说，同样是鸡肉，鸡汤能使鸡肉中更多的营养物质渗出，而煎炒的鸡肉则容易丢失营养。

《黄帝内经》曰："五谷为养，五果为助，五畜为益，五菜为充。"而汤恰恰是容纳百味营养精华的最好形式。每天喝一碗适合自己的汤，于身体是大有益处的。

认识“五性”“五味”煮好汤

不同的原料有不同的性、味、归经，也有不一样的养生功效。先了解食材的性质才能达到合理的配膳。只有掌握食物的“四性”“五味”，才能最大程度地发挥食材的养生功效，煮出健康又营养的汤来！

食物的“五性”

◎**食物五性即寒、凉、温、热、平，食物的寒性、凉性和温性、热性是相对而言的，还有一类食物在四气上介于寒凉与温热之间，其寒热之性不明显，则称之为平性。**食物入汤讲究相互搭配、寒热均衡，以保证膳食平衡，才更有益于人体健康。

平性食物代表	
种类	代表食物
杂粮	玉米、小米、红小豆、黄豆、黑豆、黑芝麻
蔬菜、菌菇	茼蒿、圆白菜、香椿、菜花、黄花菜、四季豆、豇豆、胡萝卜、山药、芋头、黄豆芽、黑木耳、香菇、猴头菇、金针菇
荤食	猪肉、鹅肉、鸽肉、鸡蛋、鲤鱼、泥鳅、鲈鱼、银鱼、黄鱼、鲳鱼、墨鱼、鲍鱼、鱿鱼、甲鱼
果品	李子、葡萄、菠萝、无花果、柠檬、刺梨、橄榄、芡实、椰子、银杏
其他	葵花子、月季花、桃花、白糖、蜂蜜

温性食物代表

种类	代表食物
谷物	糯米、高粱米、燕麦
蔬菜、菌菇	韭菜、芥菜、洋葱、南瓜、扁豆、刀豆、平菇、魔芋
荤食	鸡肉、猪肝、草鱼、鲫鱼、鲢鱼、黄鳝、带鱼、河虾、海虾、海参
果品	梅子、樱桃、桃子、杏子、金橘、石榴、山楂(微温)、枣、沙棘果、栗子、核桃、松子、槟榔
调味品	醋、香菜、小茴香、料酒
其他	桂花、荷花、茉莉花、玫瑰花、代代花、佛手花

寒性食物代表

种类	代表食物
蔬菜	大白菜、番茄、冬瓜、苦瓜、莼菜、竹笋、茭白、芦笋、莲藕、荸荠
海鲜	乌鱼、螃蟹、河蚌、田螺、蛤蜊、紫菜、海带
水果	西瓜、甘蔗、猕猴桃、桑葚、甜瓜、柚子、香蕉、柿子
其他	金银花

凉性食物代表

种类	代表食物
谷物	大麦、小麦、荞麦、薏米、绿豆
蔬菜	菠菜、苋菜、荠菜、水芹、旱芹、萝卜、莴笋、黄瓜、丝瓜、茄子、绿豆芽
荤食	兔肉、鸭肉、鸭蛋、牡蛎
水果	苹果、梨、甜橙、草莓、枇杷、杨桃、芒果
其他	菊花、芍药花、木槿花

热性食物代表	
种类	代表食物
蔬菜	蒜苗、蒜苔、辣椒
荤食	牛肉、羊肉、鳟鱼
水果	荔枝、杨梅、桂圆
调味品	生姜、葱、花椒、胡椒、肉桂

食物的“五味”

◎**所谓“五味”指的是食物的酸、甘、辛、苦、咸。**中医理论认为“辛入肺、甘入脾、酸入肝、苦入心、咸入肾”，人体的五脏与食物的五味是相对应的。但有时五味与人食用时的味觉不完全一致。比如牛肉口感微酸，但它属于甜；韭菜口感辛辣，但它属于酸。

食物五味及代表食物			
食物的五味	代表食物	对应内脏	作用
酸味	醋、山楂、番茄、橘子、柠檬等	入肝	收敛固涩
甘味	蜂蜜、白糖、冰糖、山药、葡萄等	入脾	养阴和中
苦味	苦瓜、白果、茶叶、荷叶等	入心	补气，燥湿
辛味	白萝卜、大蒜、生姜、白酒等	入肺	行气、和血、发散
咸味	栗子、黄豆、海产品、动物肾脏等	入肾	软坚、散结、润下

食物五味与四季养生		
四季 / 五味	适宜少吃	适当增加
春季	酸味	甘味
夏季	苦味	辛味
秋季	辛味	酸味
冬季	咸味	苦味

制作滋补汤的主要器具

工欲善其事，必先利其器，煮一锅营养好汤，必先有一口好锅。选择一口好锅，其耐用性是考量的关键。下面介绍几种常见的煮汤器具，并介绍其特点和使用须知，让你在煮汤的时候能够选择合适的汤锅。

砂锅是由不易传热的石英、长石、粘土等原料配合而成的陶瓷制品，经过高温烧制而成。砂锅透气性佳，保温效果好，煮出来的汤味道醇厚。但砂锅的缺点是容易裂开，使用寿命比较短，因此要注意锅具养护，忌大火、忌干烧。

陶锅能让食材在烹煮过程中受热均匀，保留食材的原汁原味和完整营养。优质的陶锅耐高温，膨胀系数极低，不会出现使用几次就裂开的情况，在急剧的冷热温差变化下，也不会因热胀冷缩而骤裂，使用寿命更长久。陶锅渗入水分后容易发霉，所以每次使用后都要立即清洗干净，可选用质地较细的海绵或清洗剂清洗，再用抹布彻底擦干，放在通风处风干。长时间不使用的，每年要拿出来通风。

在没有陶锅、砂锅的情况下，不锈钢汤锅也是不错的选择。不锈钢锅之所以不如陶锅，主要在于不锈钢的温度主要靠火力维持，受热快散热也快，蓄热效果差；燃气的使用量也相对较多。用不锈钢锅煮汤，要注意控制火候，以免汤水挥发较快，容易烧干；另外，不锈钢汤锅不适合隔夜存放高盐、高酸的食物。但不锈钢汤锅有很强的化学稳定性，在高温或低温环境中均能耐腐蚀，坚固耐用，易清洗好保养，而且价格亲民。

不锈钢汤锅

珐琅铸铁锅

珐琅铸铁锅有高抗酸碱的特点，因此可用珐琅铸铁锅烹调酸性食物，如番茄或柠檬等。不过，应避免用珐琅铸铁锅烹煮太冷的食物，比如还没有解冻的食物，食物容易粘在锅底。

瓦罐锅常用来煮老火汤，其保温能力强，主要用于小火慢熬。瓦罐锅第一次使用应先煮粥，或在锅底抹油放置一天后再洗净煮一次水，经过这样的开锅，能延长使用寿命。

瓦罐锅

煮出滋补好汤的不败秘诀

煮汤看似简单，但是想煮出营养美味的汤，仍然需要很多的烹饪技巧。相信掌握了以下的小技巧，为家人煮出营养又可口的滋补汤会更加得心应手！

水量添加要适宜

◎研究发现，原料与加水量分别按 1:1、1:1.5、1:2 等不同的比例煮汤，汤的味道、香气、色泽大有不同，结果以 1:1.5 时为最佳。对汤的营养素含量进行测定，此时汤中的铵态氮（该成分可代表氨基酸）的含量也最高，甚至高于加水量较少时。这是因为加水量过少，原料不能被完全浸没，影响了汤中营养成分的溶出，从而影响了汤的浓度。随着加水量的增加，汤中铵态氮被稀释后浓度会有所下降。但是，汤中铁、钙的含量以原料与水 1:1 的比例时为最高。

另外，最好在煮汤前将水量加足，避免中途加水破坏汤味的鲜美。

火候大小要适当

◎煲的诀窍在于：大火煮开，小火煮透。

大火是以汤中央“起菊心——像一朵盛开的大菊花”为度，每小时的消耗水量约为 20%。

小火是以汤中央呈“菊花心——像一朵半开的菊花心”为度，

每小时的耗水量约为 10%。用小火慢煮有利于酶进行分化活动，易于将食材煮得软烂；用小火慢煮肉类食物时，肉中可溶于水的肌溶蛋白、肌肽、肌酸等会被溶解出来，这些含氮物浸出得越多，汤就会越浓，汤的味道也就越醇正鲜美；小火慢煮还能减少食材的纤维组织受到破坏，从而使食材的形状保持完整，并能使汤色澄清。

煮汤去异味的窍门

烹调时去异味的方法很多，可根据食材的异味程度，综合采用一些方法，以达到去除异味、提味增香的作用。

◎加醋去异味

利用酸碱中和的原理，用动物性食材煮汤时，适当加一些醋，或加入富含柠檬酸的原料，如番茄、柠檬汁等，可以使其腥味减淡或消除。

◎加料酒去异味

料酒含有的酒精等成分能将腥味等一些有异味的物质溶解，并在烹调加热时连同异味同时挥发。

◎水汆、沸烫去异味

大多数腥味物质有一定的水溶性，煮汤前可采用先焯水、沸水浸烫等方法去除胺类、低分子酸等腥味物质，然后再放入锅中添水煮汤。另外，用水汆、沸烫的方法可以使产生涩味的物质鞣酸、酚类、醛类、草酸、明矾等物质溶于水中，以减轻食物的涩味。

◎香辛料去异味

生姜、大料、花椒等香辛料，在烹煮的过程中均能使酮、醛等腥味成分发生氧化反应、酯化反应或缩醛反应，使异味减淡，起到增香的作用，特别在膻腥味较浓的动物性原料中使用，去腥增香效果更好。

常见香辛料种类		
种类	代表调料	主要成分
含硫类香辛料	葱	丙烯基硫化合物
	蒜	芥子苷
酰胺类香辛料	胡椒	胡椒碱
	花椒	山辣素、辣椒黄素
	辣椒	辣椒碱
芳香族香辛料	桂皮	桂皮醛
	生姜	生姜醇、生姜酚、生姜酮
	大料	茴香脑、茴香醇
	丁香	丁香酚

盐放多了如何补救

通常我们把汤做咸了的时候，会加些水来减淡咸味。不过，这种方法在减淡咸味也使汤的美味冲淡了，且使汤变多。如能采取如下方法可在不冲淡汤鲜味的同时，使咸味减轻。

◎加土豆

可在汤里放入 1 个削了皮的生土豆片，煮上 5 分钟后汤的咸味就会变淡了。

◎加鸡蛋

在汤里打入 1 个煮熟的鸡蛋，鸡蛋不仅会让汤的咸味减淡，还能提升汤的鲜味。

◎**加面粉**

在一个小布袋里装上面粉，扎紧袋口后放进汤里煮一会，它能吸收一部分汤中的盐分，使汤的咸味变淡。

◎**加豆腐或番茄**

可在汤中加几块豆腐或几片番茄，汤的咸味就淡了。

煮汤时家常调料的用法

调料	作用	用法
葱	去油腻、去腥膻味	一般用热油炝锅时放入，或起锅前放入取其葱香味
姜	增鲜、解腥	去除海鲜的寒性，去除肉类的腥膻味
盐	调味	起锅前放入
醋	开胃、去腥	煮骨头汤时加些醋，有助于食物中的钙更多地溶在汤里，更容易被人体吸收
料酒	增香、去腥	增加菜肴的香气，去除鱼、肉类的腥膻味，增加食物的香味
酱油	提鲜、增色	炝锅后倒入食材翻炒时加入，能增加汤的香味，并让汤的色泽看上去更有食欲
鸡精	提鲜	起锅前放入

煮汤时不宜多放调味料，会掩盖食材本身的鲜味。

好汤会喝才健康

喝汤是人们滋补调养的好方法。可能很多人觉得喝汤没什么讲究，想怎么喝就怎么喝，其实，这种想法是错误的，要想喝出营养、喝出健康，这其中是有讲究的。

饭前喝汤

饭前先喝汤，可以将口腔、食道先润滑一下，以减少干硬食物对消化道黏膜的不良刺激，还能促进消化腺分泌，起到开胃的作用。而且饭前喝汤可使胃内食物充分贴近胃壁，增强饱腹感，能抑制摄食中枢，减少进食量。但饭前喝汤不宜太多，不然会影响食欲，而且大量的汤水还会冲淡胃液，影响食物的消化吸收。

汤要慢慢喝

如果喝汤速度很快，当意识到吃饱的时候，可能摄入的食物已经超过所需要的量，这样容易导致肥胖。喝汤应该慢慢品味，这样不仅能充分享受汤的味道，也给食物的消化吸收留有充裕的时间，并且容易产生饱腹感，不易发胖。

太烫的汤不能喝

喝太烫的汤百害而无一利。人的口腔、食道、胃黏膜适合进食的温度为 10℃ ~40℃，最高能忍受 50℃ ~60℃的温度，超过这个温度容易引起黏膜烫伤，虽然烫伤后人体有自行修复功能，但反复损伤又反复修复极易导致上消化道黏膜恶变。临床显示，喜食烫食者食道癌的发病率较高。汤水的最佳饮用温度是50℃以下，喝汤应该等汤稍凉再喝。

患有痛风、肾病及高血压的人，不宜喝高热量、高盐、高嘌呤的汤。

不要用汤泡饭

汤泡饭其实很伤胃。因为食物只有经过充分的咀嚼，才易于被肠道消化吸收。而汤与饭混合在一起吃，食物在口腔中还未被完全嚼烂，就与汤一同进入了胃中，由于食物没有被充分咀嚼，这无形中给胃肠增添了许多负担。还会影响到胃、胰腺和肝等器官分泌的消化液，时间久了容易引起消化不良或胃病。

不宜喝隔日汤

为了避免浪费，许多人将吃剩下的汤留到第二天热一热再喝。煮好的汤超过24小时，维生素几乎会损失殆尽，剩下的多是脂肪、胆固醇等不宜多摄入物质。所以，尽量少喝或不喝隔日汤，偶尔喝一次一定要煮开。不宜经常喝隔日汤，以免损害健康。

第三章

应季滋补汤，激发身体自愈力

一年四季，天气、气候不同，饮食也应有所差异。春气通于肝，夏气通于心，秋气通于肺，冬气通于肾。根据四季的气候变化和季节与人体脏腑的对应关系，常喝一些应季汤，有助于激发身体的自愈力，让免疫力处于最佳的平衡状态。

春季

俗语说：春天一碗汤，不用医生帮。春天里适量喝些汤，能平抑肝火，预防上火；另外，汤中含有的营养物质对养肝护肝有益，不但能增强肝脏的解毒能力，还能对抗春季高发的过敏，让你健康过春天。

推荐食材

韭菜

春季阳气上升，而韭菜性温，既能养肝又能助阳

菠菜

春天的应季菜，能滋阴润燥、舒肝养血

大蒜

能杀菌，常吃可预防春季常见的呼吸道感染

红枣

能柔肝养肝、疏肝理气

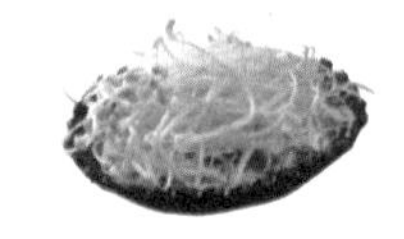

黄豆芽

可缓解春困、减轻疲劳

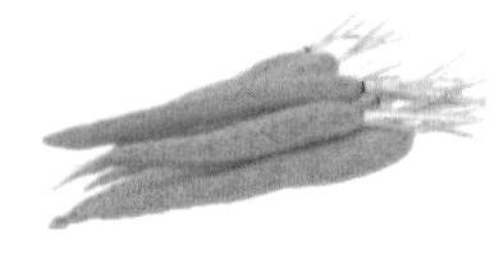

胡萝卜

能养眼护肝，预防春季多发的过敏性等

饮食原则

春季宜少吃酸味食物，适量多吃些甘味食物。因为春季人的肝火较旺，肝火旺容易使脾胃虚弱，而多吃酸味食物，会使肝火过旺而损伤脾胃，因此，多吃些甘味食物，可防肝气过旺。这样做的好处是能补益人体脾胃之气，对养肝护肝有益。

鲜蘑黄豆芽汤

——疏调肝气

准备好

蘑菇、猪肉各 50 克，黄豆芽 100 克，植物油、酱油、醋、盐、白糖、香油、水淀粉、姜、高汤、料酒各适量。

这样做

1 黄豆芽洗净，择去根部，沥干水分；蘑菇洗净，切片；姜洗净，切成细丝；猪肉洗净，切成丝。

2 锅置火上，放入适量植物油烧热后，爆香姜丝，下入猪肉丝；用中火炒，肉变白色时放入黄豆芽、蘑菇片翻炒片刻。

3 加高汤、酱油、料酒，以大火煮沸，用中火煮至黄豆芽梗呈透明状时，加入醋、白糖和盐调味，用水淀粉勾芡，淋入香油即可。

红枣苹果汁

——滋养肝血

准备好

红枣 6 枚，苹果 1/2 个，凉开水 200 毫升，蜂蜜少许。

这样做

1 红枣洗净，去核，切小丁；苹果洗净，去蒂、核，切小丁。

2 将切好的红枣和苹果一同放入榨汁机中，加入凉开水和蜂蜜，搅打成口感细滑状即可。

胡萝卜芒果汁
——护肝养肝

准备好

胡萝卜1根，芒果（中型）1个，凉开水200毫升。

这样做

1 胡萝卜去蒂，洗净，切成小丁；芒果洗净，去皮，除核，切成小丁。

2 将切好的胡萝卜和芒果一同放入榨汁机中，加入凉开水，搅打成口感细滑状即可。

菠菜猪肝汤

——补肝、明目、养血

准备好

菠菜 300 克，猪肝 150 克，葱花、姜丝、料酒各适量，盐 2 克，鸡精、植物油、清水各少许。

这样做

1 猪肝用清水浸泡去血水，洗净，切薄片，加姜丝、料酒拌匀，腌制 10 分钟；菠菜择洗干净，焯水，切段。

2 锅置火上，倒植物油烧热，放入猪肝煸炒至变色，倒入没过猪肝的清水，大火烧开后转小火煮 5 分钟，下入菠菜段，加盐、鸡精调味即可。

鸭血韭菜汤

——平和肝气、养肝血

准备好

韭菜 100 克，鸭血 250 克，姜丝、白胡椒粉、清水各适量，盐 2 克，鸡精、香油各少许。

这样做

1 韭菜择洗干净，切段；鸭血洗净，切块。

2 鸭血、姜丝放入汤锅中，倒入没过鸭血的清水，大火烧开后转小火煮 5 分钟，下入韭菜煮 1 分钟，加盐、鸡精、白胡椒粉、香油调味即可。

夏季

夏季天气炎热，人体出汗较多，汗液中包含多种营养素，夏天喝汤可以补充身体流失的营养素和必要的水分，有助于保持体力，并对身体健康有益。

推荐食材

绿豆

可清热解毒、止渴消暑，是解暑佳品

薏米

能消暑除湿，对抗湿热的暑气

西瓜

富含水分，能解暑、除烦、止渴

黄瓜

夏季暑热难耐，吃些黄瓜能缓解心情烦躁

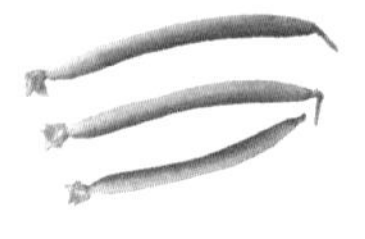

丝瓜

能生津止渴、清热解暑

苦瓜

可以泻火、清暑、止渴

饮食原则

夏天通常湿气较重，湿气伤脾，应适量多吃些薏米、红小豆、冬瓜、扁豆等具有健脾化湿功效的食物；夏季出汗较多，容易耗损津液，应多补充水分以及矿物质，其中，新鲜蔬菜、水果含有较多的钾，不妨多吃些。但不宜吃太多凉食，以免引起胃肠功能紊乱。

丝瓜蘑菇汤

——清暑热、解劳乏

准备好

丝瓜 250 克，平菇 100 克，葱、姜、味精、盐、清水各适量，植物油少许。

这样做

1 将丝瓜洗净，去皮棱，切开，去瓤，再切成段；平菇洗净，掰开。

2 起油锅，将平菇略炒，加清水适量煮沸 3 ~ 5 分钟，加入丝瓜稍煮，加葱、姜、盐、味精调味即成。

绿豆百合莲子汤

——消暑开胃

准备好

绿豆、干莲子、干百合各 20 克，清水 1000 毫升，冰糖少许。

这样做

1 绿豆淘洗干净；干莲子、干百合洗净；绿豆、干莲子、干百合，分别用清水浸泡 2 小时。

2 将绿豆、干莲子、干百合一同放入砂锅中，加 1000 毫升清水，大火上烧开后，转小火煮 30 分钟，加冰糖煮至化开即可。

番茄苦瓜草莓汁

——泻火清暑

准备好

番茄1个，苦瓜100克，草莓6粒，凉开水100毫升。

这样做

1 番茄洗净，去蒂，切成小丁；苦瓜洗净，去蒂，除籽，切成小丁；草莓洗净，去掉蒂，切成小丁。

2 将切好的番茄、苦瓜和草莓一同放入榨汁机中，加入凉开水，搅打成汁即可。

黄瓜皮蛋汤

——防中暑、止渴生津

准备好

黄瓜 1 根，熟皮蛋 2 个，番茄 1 个，葱花、姜丝各适量，清水 600 毫升，盐 2 克，植物油少许。

这样做

1 黄瓜去蒂，洗净，切片；熟皮蛋剥皮，切小块；番茄洗净，去蒂，切块。

2 锅置火上，倒油烧热，炒香葱花、姜丝，放入番茄翻炒均匀，加 600 毫升清水中火煮开，下入黄瓜片和熟皮蛋煮 1 分钟，加盐调味即可。

红豆薏米汤

——清热祛湿

准备好

红小豆、薏米各 30 克，清水 1000 毫升，冰糖少许。

这样做

1 红小豆淘洗干净，用清水浸泡一夜；薏米淘洗干净，用清水浸泡 2 小时。

2 将红小豆、薏米一同放入砂锅中，加 1000 毫升清水，大火上烧开后，转小火煮 40 分钟，加冰糖煮至化开即可。

秋季

俗话说：夏过无病三分虚，夏天重“暑”、秋天重“燥”。空气干燥的秋天，适量多喝些汤，既能补水，又能补充营养，可抵御秋燥侵袭，调养出好身体，健康过秋天。

推荐食材

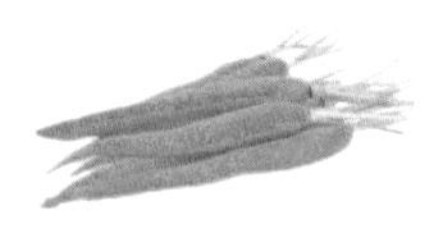

胡萝卜

秋分前后天气比较干燥，吃些胡萝卜能润燥

莲藕

秋天吃莲藕最能起到养阴清热、润燥止渴的作用

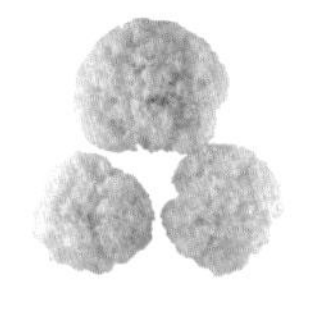

银耳

能清心润燥、滋阴养肺

百合

质润，能养阴润燥，最适合秋季食用

梨

可润肺、消痰、止咳，是秋季防燥养肺的佳果

蜂蜜

有滋阴润燥的作用，适合干燥的秋季食用

饮食原则

可适量吃些银耳、梨、莲藕、百合等滋阴润燥的食物，可防止秋燥带来的津液不足，缓解咽干口燥、干咳、肠燥便秘等不适感。秋天是适合进补的季节，但要注意适量进补，忌以药代食，药补不如食补。

银耳鸽蛋糊

——缓解秋燥

准备好

水发银耳1小朵，熟鸽蛋5个，核桃仁、荸荠粉、冰糖、清水各适量。

这样做

1 水发银耳去蒂，洗净，撕成小朵，焯水；核桃仁入温水中泡片刻，撕去皮，洗净；荸荠粉入碗，用冷水调匀浆；鸽蛋剥去蛋皮。

2 锅置火上，加清水适量，倒入银耳，倒入荸荠浆、核桃仁、冰糖，小火煮至呈糊状时，加入鸽蛋，起锅盛入大汤碗即可。

牛油果柑橘蜜汁

——润秋燥

准备好

牛油果1/2个，柑橘1个，蜂蜜适量，凉开水350毫升。

这样做

1 牛油果洗净，去皮、核，切小丁；柑橘洗净，去皮、籽，切小块。

2 将切好的牛油果、柑橘一同放入榨汁机中，加入凉开水和蜂蜜，搅打成口感细滑状即可。

山药红枣百合汁

——养肺润燥

准备好

山药 80 克，红枣 3 枚，鲜百合 15 克，凉开水 400 毫升，蜂蜜少许。

这样做

1 山药洗净，蒸熟，去皮，切小丁；红枣洗净，去核，切小丁；鲜百合分瓣，洗净。

2 将处理好的山药、红枣和鲜百合一同放入榨汁机中，加入凉开水和蜂蜜，搅打成口感细滑状即可。

胡萝卜玉米排骨汤

——预防秋冬季感冒

准备好

猪肋排350克，胡萝卜、玉米棒各1个，姜片、葱花、清水各适量，盐2克。

这样做

1 猪肋排剁成段，洗净，焯水；胡萝卜去蒂，洗净，切块；玉米棒去外皮和穗，洗净，切厚片。

2 将猪肋排、胡萝卜块、玉米棒、姜片一同放入电压力锅中，加入没过锅中食材的清水，盖好锅盖，选择煮汤键，煮至提示汤煮好，自然泄气后加盐和葱花调味即可。

烤鸭架莲藕汤

——改善肌肤干燥

准备好

烤鸭架半个，莲藕 200 克，番茄 1 个，姜片、香菜碎、清水各适量，盐 2 克，植物油少许。

这样做

1 将烤鸭架剁成小块；莲藕去皮，洗净，切片；番茄洗净，去蒂，切片。

2 锅置火上，倒油烧热，炒香姜片，放入鸭架、藕片翻炒均匀，加没过锅中食材的清水，大火烧开后转小火煮 10 分钟，放入番茄片煮 5 分钟，加盐和香菜碎调味即可。

梨藕百合汤

——清肺火

准备好

鲜百合1个，白梨1个，莲藕100克，清水适量，枸杞、冰糖各少许。

这样做

1 鲜百合分瓣，洗净；白梨洗净，去蒂、核，切块；莲藕去皮，洗净，切片。

2 藕片、梨块一同放入汤锅中，加入没过锅中食材的清水，大火烧开后转小火煮20分钟，放入鲜百合煮5分钟，最后放入枸杞和冰糖略煮即可。

玉米胡萝卜浓汤

——益肺润燥

准备好

玉米棒（生）1个，胡萝卜半根，清水200毫升，淡奶油适量。

这样做

1 玉米棒去外皮和穗，洗净，切下玉米粒；胡萝卜去蒂，洗净，切小丁。

2 将玉米粒和胡萝卜丁一同放入料理机中，加入200毫升清水搅打成汁，过滤后倒入汤锅中煮开，加淡奶油调味即可。

冬季

冬季天气寒冷，喝上一碗热乎乎的汤，能加快新陈代谢，起到抵御寒冷的作用。冬季气候干燥，经常会出现皮肤干燥的现象，喝汤能很好的补充水分，利于人体吸收营养物质。

推荐食材

羊肉

可益气补虚，促进血液循环，增强御寒能力

白菜

冬天天气干燥，常吃白菜能滋阴润燥

糯米

性温，食后能起到御寒的作用

白萝卜

冬季容易积食，白萝卜能消食化积

辣椒

含有的辣椒素能促进血液循环，抵抗寒冷

黑豆

冬季宜养肾，黑豆能补肾强身

饮食原则

吃些鱼、肉、蛋、奶、豆制品等富含蛋白质的食物，可起到保温、御寒的作用。宜常吃些能补肾的黑色食物，如黑豆、黑芝麻、黑木耳等，还可常吃些温补类食物，如羊肉、牛肉、栗子等。宜热食，切忌吃生冷食物。

大白菜番茄汁

——预防冬季上火

准备好

大白菜150克，番茄1个，凉开水150毫升，蜂蜜少许。

这样做

1 大白菜择洗干净，切碎；番茄洗净，去蒂，切小块。

2 将切好的大白菜和番茄一同放入榨汁机中，加入凉开水和蜂蜜，搅打成口感细滑状即可。

黑豆黑芝麻红糖汁

——补肾、散寒治血

准备好

熟黑豆浆 350 毫升，黑芝麻 15 克，红糖少许。

这样做

1 黑芝麻炒熟，晾凉，擀碎。

2 将黑芝麻碎放入榨汁机中，加入熟黑豆浆和红糖，搅打成口感细滑状即可。

小白菜年糕汤

——健脾暖胃

准备好

年糕 150 克，小白菜 100 克，香菇 3 朵，葱花、姜片、清水各适量，植物油、盐、鸡精各少许。

这样做

1 年糕切薄片；小白菜择洗干净，切寸段；香菇去蒂，洗净，焯水，切片。

2 锅置火上，倒入植物油，炒香葱花、姜片，放入香菇翻炒均匀，加适量清水烧开，加年糕片煮 5 分钟，再加小白菜段煮 2 分钟，放入盐和鸡精调味即可。

桂圆红枣木耳羹

——滋养肝肾

准备好

鲜桂圆 6 粒，红枣 5 粒，水发黑木耳 2 朵，藕粉 15 克，清水 500 毫升，香油少许。

这样做

1 鲜桂圆洗净，去皮；红枣洗净；水发黑木耳去蒂，洗净，撕成小朵；藕粉加少许水调匀。

2 红枣、黑木耳一同放入汤锅中，加入 500 毫升清水，煮沸后用小火煮 20 分钟，下入桂圆肉略煮，加藕粉水煮至汤汁略稠，淋入少许香油即可。

白菜羊肉汤

——祛寒冷、温补气血

准备好

大白菜 200 克，羊肉卷片 100 克，粉条 20 克，清水 700 毫升，姜片、葱花各适量，盐 2 克。

这样做

1 大白菜择洗干净，切条。

2 粉条、姜片放入汤锅中，加入 700 毫升清水，大火烧开后转小火煮 5 分钟，下入大白菜煮 5 分钟，放入羊肉卷片煮熟，加盐和葱花调味即可。

萝卜丝牡蛎汤

——补肾扶阳

准备好

白萝卜半根，牡蛎肉 50 克，姜丝、香菜碎、清水各适量，盐 2 克，香油少许。

这样做

1 白萝卜去蒂，洗净，切成细丝；牡蛎肉洗净。

2 白萝卜丝、姜丝放入汤锅中，加入没过锅中食材的清水，大火烧开后转小火煮 15 分钟，放入牡蛎肉煮 3~5 分钟，加盐、香菜碎和香油调味即可。

紫薯糯米糊

——养肾防寒

准备好

紫薯 2 个，糯米 20 克，清水适量。

这样做

1 紫薯削皮，洗净，切小丁；糯米淘洗干净。

2 将紫薯丁和糯米一同放入豆浆机中，加清水到机体水位线间，接通电源，按下“米糊”键，25 分钟左右米糊即可做好。

第四章

五脏养生汤，助你元气满满

五脏是人体内心、肝、脾、肺、肾五个脏器的合称，五脏的主要生理功能是生化和贮藏精、气、血、津液和神。因为精、气、神是人体生命活动的根本，所以五脏对人体有非常大的作用。五脏协调工作可使人体处于平衡和谐的状态，如果某一脏器遭受损伤，会牵连其他脏器，就会导致生病。常喝些有益于五脏健康的汤品，能让五脏之间的气血平衡、协调，这样健康就有了保障。

养心

《黄帝内经》中说：“心为君主之官。”意思是五藏六腑之中，心是主宰是最大。心脏的功能正常其他脏腑才会健康，反之各个脏腑的功能也会失常。常喝些养心汤，能保护心脏，让心脏更有活力。

推荐食材

小麦

能养心安神、除烦、止心悸

红小豆

既能清心火，又能补心血

红枣

含有的环磷酸腺苷，对保养心脏有益

樱桃

能补心血，使血脉通畅，助生心脏阳气

桂圆

能益心脾、补气血，改善心脾虚损、气血不足

莲子

含有的生物碱有强心作用，能抗心律不齐

饮食原则

适量吃些味儿苦食物，苦味与心相应，能养心补心。吃些红色的食物，红色食物可入心、入血，能养心、护心。少吃肉多吃蔬果，肥甘厚味吃多了，血液中脂肪含量高，会增加心脏的负担，而常吃些新鲜蔬果，能为心脏减负，有益心脏的健康。

桂圆番茄汁

——补养心脾

准备好

鲜桂圆肉 150 克，番茄 1 个，凉开水 350 毫升。

这样做

1 鲜桂圆肉去核；番茄洗净，去蒂，切小块。

2 将处理好的桂圆肉和番茄一同放入榨汁机中，加入凉开水，搅打成口感细滑状即可。

莲子鲜奶露

——清心火、补心血

准备好

水发莲子12粒，鲜牛奶50克，白糖、水淀粉、凉开水各适量。

这样做

1 将水发莲子放入沸水中焯约1分钟，捞起倒入盅内，加适量凉开水，入蒸笼用中火蒸30分钟至六成熟，加少许白糖，再蒸30分钟取出。

2 将锅洗净放在火上，放入适量凉开水，加适量白糖，烧沸后先倒鲜牛奶，后下水发莲子，再烧至微沸，水淀粉勾芡即成。

猪腿肉红豆汤

——养心补血

准备好

猪腿肉 250 克，红豆 120 克，精盐适量。

这样做

1 猪腿肉洗净，切开；红豆洗净。

2 将猪腿肉、红豆放入锅中，倒入适量清水烧开，转小火煮成浓汤放入精盐即可。

樱桃红提汁

——活血养心

准备好

大樱桃150克，红提粒50克，凉开水350毫升。

这样做

1 大樱桃洗净，去蒂、核；红提粒洗净，对半切开。

2 将处理好的大樱桃和红提粒一同放入榨汁机中，加入凉开水，搅打成口感细滑状即可。

珍珠丸子红豆汤

——养心补脾

准备好

糯米小圆子 150 克，红小豆 20 克，冰糖、清水各适量。

这样做

1 红小豆淘洗干净，用清水浸泡一夜，放入汤锅中。

2 加入没过红小豆的清水，大火烧开后转小火煮 30 分钟，下入冰糖和糯米小圆子煮 5 分钟即可。

养肝

肝脏是人体内脏最大的器官，也是人体消化系统中最大的消化腺，承担着维持生命的重要功能，与健康息息相关。合理的饮食对肝脏有很好的保护作用，可常喝些汤来补充营养，呵护肝脏健康。

推荐食材

芹菜

有益肝气循环、代谢，还能舒缓肝郁

枸杞

能补益肝脏，还可滋补和调养肝脏

胡萝卜

富含的维生素A原有助于肝脏细胞的修复

菠菜

能滋阴润燥、舒肝养血

韭菜

滋补肝肾的同时，对脾胃有益

乌梅

能和肝气、养肝血、敛肝阴

饮食原则

可吃酸味食物，食物的酸味与肝相应，能补肝养肝。可养肝护肝宜清淡饮食，少吃油腻、油炸、辛辣食物，不喝酒。尽量不吃罐头、方便面等加工食品，因为其中含有较多的食品添加剂，过量食用会增加肝脏负担，不利于肝脏的健康。

芹菜芒果汁

——降肝火

准备好

芹菜 100 克，芒果 1 个，凉开水 350 毫升。

这样做

1 芹菜去根，洗净，留叶切小段；芒果洗净，去皮、核，切小块。

2 将切好的芹菜和芒果一同放入榨汁机中，加入凉开水，搅打成口感细滑状即可。

菠菜土豆汤

——舒肝养血

准备好

菠菜 250 克，土豆 1 个，葱花、水淀粉、清水各适量，植物油、盐、鸡精各少许。

这样做

1 菠菜择洗干净，快速焯水，过凉，攥去多余水分，切寸段；土豆去皮，洗净，用厨房纸巾吸干表面水分，切半圆片。

2 锅烧热，倒入植物油，放入土豆片煎熟且两面色泽金黄，盛出。

3 用锅中的底油炒香葱花，倒入适量清水烧开，放入菠菜，加盐和鸡精调味，用水淀粉勾薄芡，放上煎好的土豆片即可。

鱼片枸杞汤

——养肝明目

准备好

玫瑰花 50 克，枸杞 25 克，鱼片 200 克，盐、胡椒粉、清水适量。

这样做

1 玫瑰花取瓣洗净切成丝，鱼片码味上浆备用。

2 砂锅中加入适量清水，加盐、胡椒粉，放入枸杞调好味烧开，加入腌制好的鱼片煮熟撒上玫瑰花丝即可。

乌梅红枣汤

——养肝补血

准备好

乌梅 5 个，红枣 6 粒，冰糖少许，清水 500 毫升。

这样做

1 乌梅和红枣洗净，放入砂锅中。

2 加入 500 毫升清水大火煮开，转小火煮 20 分钟，加入冰糖煮至化开即可。

韭菜蛋花汤

——疏肝调气

准备好

韭菜 150 克，鸡蛋 2 个，盐 2 克，香油少许，清水 600 毫升。

这样做

1 韭菜择洗干净，切段；鸡蛋磕入碗中，打散。

2 汤锅中加入 600 毫升清水煮开，下入韭菜煮半分钟，淋入鸡蛋液搅成蛋花，加盐和香油调味即可。

养脾胃

胃主受纳，脾司运化，食物进入人体内的消化吸收，都离不开脾胃的共同协作。汤温润、稀软、营养丰富，易于消化吸收，不会增加脾胃的负担，对健脾养胃有益。

推荐食材

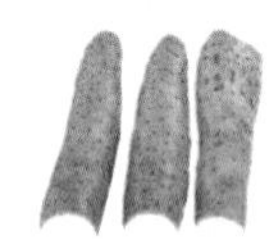

山药

可补脾健胃，适合脾胃功能不好的人食用

猪肚

能健脾胃、补虚

南瓜

有助于改善脾胃虚弱引起的体虚乏力

小米

能补脾益胃，适合脾虚体弱者食用

红枣

能健脾和胃，是脾胃虚弱者的调养佳品

陈皮

能理气健脾，可用于脾胃气滞的调理

饮食原则

三餐定时定量，到了吃饭时间，不管肚子饿不饿，都应主动进食，避免过饥或过饱。吃东西时要细嚼慢咽。食物的温度应以“不烫不凉”为度。不吃刺激胃液分泌的食物，如甜食、浓茶、咖啡。适量吃些黄色食物能让脾胃更好地消化吸收营养，并能够维护脾胃安康。

红豆陈皮汁

——祛湿养脾胃

准备好

陈皮 15 克，红小豆 50 克，凉开水 400 毫升，蜂蜜少许。

这样做

1 陈皮洗净，用清水泡软，切碎；红小豆淘洗干净，用清水浸泡 3~4 小时，煮熟。

2 将陈皮和红小豆一同放入榨汁机中，加入凉开水和蜂蜜，搅打成口感细滑状即可。

鲜橙红枣银耳汤

——补气血、养脾胃

准备好

鲜橙200克，红枣50克，银耳100克，枸杞5克，马蹄20克，水300毫升，冰糖20克，蜂蜜15克，清水1000毫升。

这样做

1 鲜橙切成小粒，马蹄切成小粒备用。

2 银耳泡软焯水放容器中加清水1000毫升、红枣、枸杞、马蹄粒、冰糖熬制20分钟银耳软烂装入碗中，鲜橙粒撒在银耳上即可。

酸菜猪肚汤

——补虚损、健脾胃

准备好

熟猪肚1/2个，南酸菜50克，姜片、蒜片、葱花、泡椒、泡椒水、白胡椒粉各适量，清水700毫升，盐1克，植物油各少许。

这样做

1 熟猪肚切条；南酸菜洗净，切丝。

2 锅置火上，倒油烧热，炒香姜片、蒜片、葱花，放入南酸菜丝翻炒均匀，加泡椒、泡椒水和700毫升清水，大火少烧开后转小火煮10分钟，下入熟猪肚煮5分钟，加盐、白胡椒粉调味即可。

南瓜枸杞甜汤

——温润脾胃

准备好

南瓜 250 克，枸杞子适量，清水 600 毫升，冰糖少许。

这样做

1 南瓜去皮、籽，洗净，切块；枸杞用清水冲洗一下。

2 南瓜块放入汤锅中，加入 600 毫升清水，大火烧开后转小火煮至南瓜块熟软，加枸杞子和冰糖略煮即可。

牛肉山药汤

——补脾胃、益气血

准备好

牛肉 150 克，山药 200 克，红枣 5 粒，姜片、香菜碎、清水各适量，盐 2 克，植物油少许。

这样做

1 牛肉洗净，切块，焯水；山药削皮，洗净，切块；红枣洗净。

2 锅置火上，倒油烧热，炒香姜片，放入牛肉翻炒均匀，倒入没过牛肉 1~2 厘米的清水，大火烧开后转小火煮 20 分钟，下入山药块和红枣再煮 20 分钟，加盐和香菜碎调味即可。

养肺

肺主呼吸，肺通过呼吸，吸入自然界的清气，呼出体内的浊气，实现体内外气体交换。肺是最娇嫩的器官，容易受到外邪的侵袭，常喝些养肺汤，能起到护肺的作用。

推荐食材

雪梨

能润肺、化痰、止咳，可滋润、保养肺部

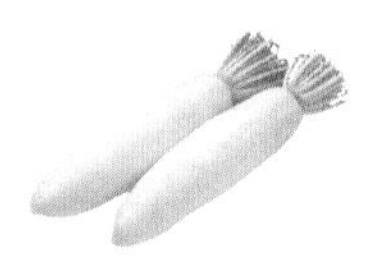

白萝卜

熟吃能润肺化痰，生吃能清肺热、止咳嗽

莲藕

熟吃能滋阴补肺，生吃能清热润肺

百合

能润肺止咳，改善肺部功能

山药

能生津益肺，对肺虚久咳、虚喘有较好疗效

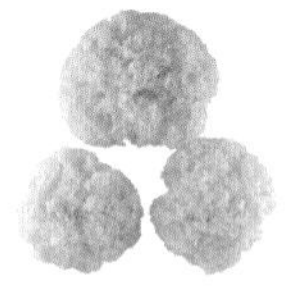

银耳

能滋阴润肺，可改善肺燥、肺热

饮食原则

可吃白色食物，白色食物能养肺润肺。常吃些百合、莲藕等润肺食物，对肺可起到一定的养护作用。多喝水，水可以润肺，加速肺循环，每天饮水1500 ~ 2000毫升为宜，以白开水为主。不要食用过凉的食物，尤其是冷饮。

雪梨菠萝汁

——生津润肺

准备好

雪梨1个，菠萝肉100克，凉开水400毫升。

这样做

1 雪梨洗净，去蒂、核，切小丁；菠萝肉用淡盐水浸泡去涩味，切小块。

2 将切好的雪梨和菠萝一同放入榨汁机中，加入凉开水，搅打成口感细滑状即可。

银耳枇杷汤

——清肺胃之热

准备好

枇杷 200 克，水发银耳 50 克，冰糖少许，清水适量。

这样做

1 枇杷洗净，切掉头尾，剖开去核；水发银耳去蒂，洗净，撕成小朵。

2 将水发银耳放入汤锅中，加入没过水发银耳的清水，小火煮至汤汁略稠，下入枇杷煮软，加冰糖煮至化开即可。

鲫鱼萝卜丝汤

——补益肺气、滋阴润肺

准备好

鲫鱼 1 条（约 250 克），白萝卜 150 克，花椒、葱段、姜片、料酒、香菜碎、清水各适量，盐 2 克，香油 3 毫升。

这样做

1 白萝卜洗净，切去头尾，切丝；鲫鱼去鱼鳞、内脏，洗净，加花椒、姜片、料酒抓匀，腌制 15 分钟。

2 将腌制好的鲫鱼放入微波炉中，用中火加热 5 分钟。

3 汤锅置火上，放入鲫鱼、萝卜丝、葱段、姜片和没过鲫鱼的清水，大火烧开后转中火煮至萝卜丝熟软，加盐和香菜碎调味，淋上香油即可。

百合萝卜汤

——润肺止咳

准备好

青萝卜150克，鲜百合20克，虾皮10克，马蹄20克，葱5克，姜3克，盐3克，牛肉粉2克，鱼露3克，香油3克，清水适量。

这样做

1 青萝卜洗净去皮切粗丝，鲜百合洗净掰成片。

2 锅中放入清水、姜、葱粒烧开。

3 放入萝卜丝、虾仁、马蹄、百合，加盐、牛肉粉、鱼露调味，再次煮开后淋入香油即可。

莲藕排骨薏米汤

——润肺养肺

准备好

排骨 300 克，莲藕 100 克，薏米 20 克，盐适量。

这样做

1 莲藕洗净，切厚片；薏米洗净；排骨汆水。

2 水开后将材料全部放入，再改慢火煮 2 小时，最后放盐调味，即可。

养肾

想健康，养肾十分重要。日常多注意饮食调养可起到事半功倍的效果，常喝些汤就很不错。汤中富含的水分能促进新陈代谢，将人体的废物排出，降低有毒物质在肾脏中的蓄积，避免肾脏受到损害。

推荐食材

黑豆

能补肾强身，适合肾虚者食用

枸杞子

能补肾养肾，适合肾阴虚者食用

黑芝麻

能滋补肾脏，常用于调理肾虚血亏

山药

能健脾胃、益肾气，久食可轻身延年

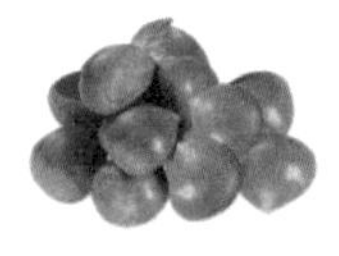

板栗

能通肾益气，可调理肾虚、腰腿无力

羊肉

有补肾气、补肾阳的作用

饮食原则

可吃黑色食物，中医认为黑色入肾，黑色食物对肾脏可起到滋养和呵护作用。盐的摄入量不宜多，每天盐的摄入量不宜超过5克，高盐膳食会增加肾脏负担。每天应喝水1500～2000毫升，最好喝白开水，也可以喝些淡茶。少喝甜饮料，会增加肾脏的代谢负担。

黑芝麻山药汁

——补益肝肾

准备好

黑芝麻 25 克，山药 50 克，熟黄豆豆浆 400 毫升。

这样做

1 黑芝麻炒熟，擀碎；山药洗净，蒸熟，去皮，切小丁。

2 将黑芝麻和山药一同放入榨汁机中，加入熟黄豆豆浆，搅打成口感细滑状即可。

黑豆炖鲫鱼

——滋阴补肾

准备好

鲫鱼2条，黑豆50克，葱10克，姜10克，盐适量，鸡粉6克，胡椒粉3克，高汤适量。

这样做

1 鲫鱼宰杀好备用；黑豆放入水中涨发好备用。

2 锅上火放入高汤，黑豆、葱、姜、盐、鸡粉、胡椒粉，小火熬20分钟鲫鱼软烂汤汁浓白后即可。

板栗粉条白菜汤

——补肾强筋骨

准备好

大白菜 250 克，板栗 150 克，粉条 50 克，香菜碎适量，盐 2 克，鸡精、香油各少许，清水适量。

这样做

1 大白菜洗净，控干水，撕成小块；板栗洗净，去皮，取板栗肉备用；粉条剪成易于入口的长度，用清水冲洗一下。

2 粉条和板栗肉放入汤锅中，加入适量清水大火烧开，转小火煮 10 分钟，放入大白菜煮至熟软，加盐、鸡精、香菜碎调味，淋上香油即可。

羊肉丸子萝卜丝汤

——温补肝肾

准备好

羊肉馅 150 克，白萝卜半根，姜丝、葱花、香菜碎、花椒粉、淀粉、清水各适量，盐 2 克，生抽、香油、植物油各少许。

这样做

1 羊肉馅加花椒粉、淀粉、生抽、香油搅打至上劲，取适量逐一团成小肉丸；白萝卜洗净，切丝。

2 锅置火上，倒油烧热，炒香姜丝、葱花，放入白萝卜丝翻炒均匀，加入没过锅中食材的清水，大火烧开后转小火煮 8 分钟，下入羊肉丸煮熟，加盐和香菜碎调味即可。

枸杞酒酿蛋花汤

——补肾益精

准备好

鸡蛋 2 个，酒酿、红糖、枸杞子各适量，清水 500 毫升。

这样做

1 鸡蛋磕入碗中，打散；枸杞子用水冲洗一下。

2 锅中放入酒酿、枸杞子、红糖和 500 毫升清水，中火煮开，淋入鸡蛋液搅成蛋花即可。

第五章

因人而养，喝出平和好体质

食物有五性五味，不同性味的食物有不同的养生功效，适合于不同的体质，汤饮养生也是如此。只有根据个人的体质对症喝汤，才能起到养生保健的作用，甚至能使某些偏颇体质转变为健康的平和体质。

气虚体质

气虚体质是以元气不足、脏腑功能减退、抗病能力下降为特征。气虚体质者主要表现为倦怠乏力、容易出汗、少气懒言、动则气喘、经常感冒、食欲不振、大便溏薄、舌胖大或有齿痕等。

推荐食材

人参
大补元气，延年益寿

山药
健脾益气，平补气阴（血）

黄芪
补气止虚汗

鸡肉
益气养血，补虚强身

牛肉
补益气力，扶持中气

小米
健脾益气，滋阴养血

饮食原则

多吃补气健脾的食物，但要选择甘平或甘温的食物，如牛肉、鸡肉、南瓜、山药、栗子、红枣等。忌吃生萝卜、空心菜等破气、耗气的食物。不宜吃生冷寒凉、辛辣刺激的食物，如大蒜、薄荷、荷叶、荸荠、菊花等。如果想进补应缓缓而补，忌急补。

人参红枣茶

——培补元气

准备好

红枣 5 粒，人参切片 5 克，清水 500 毫升。

这样做

1 红枣洗净，去核，与人参片一同放入沙锅中。

2 加入 500 毫升清水煮开，用小火煮 30 分钟，离火，晾至温热后饮用即可。

虫草鸡汤

——增强体质

准备好

冬虫夏草 15 ～ 20 克，龙眼肉 10 克，大枣 15 克，鸡 1 只，清水适量。

这样做

将鸡宰好洗净，除内脏，大枣去核与冬虫夏草、龙眼肉一同放进锅内，加清水适量，文火煮约 3 小时，调味后食用。

怀山药南瓜羹

——益气补虚

准备好

怀山药 50 克，南瓜 150 克，冰糖 50 克，糖桂花 15 克，枸杞子 6 克，清水、水淀粉各适量。

这样做

1 怀山药、南瓜切丁备用。

2 锅中放清水加冰糖、山药丁、南瓜丁、枸杞子煮至熟软，用水淀粉勾芡，放糖桂花搅匀即可。

阳虚体质

中医说，阳是指人体所具有的能量，阳气对于人体而言，就如同太阳对我们生存的环境一样，一旦没有了阳气，生理机制便会出现问题。阳虚体质的人最明显的特征就是畏寒怕冷、手足不温。阳虚体质就是老百姓常说的寒性体质。

推荐食材

羊肉

性温热，可补气助阳

生姜

性热，能温中散寒

当归

有助于保持体表温度，减轻手脚发冷等症状

虾

补肾壮阳

大葱

发汗解表

桂花

温中散寒、暖胃止痛

饮食原则

多吃性温热、具有温阳散寒功效的食物，比如羊肉、黄鳝、韭菜、生姜、桂皮等，有利于扶阳固本。忌吃或少吃寒凉的食物，比如螃蟹、鸭肉、西瓜、柚子、柿子、苦瓜、豆芽、冷饮等，以免加重畏寒、怕冷的症状。

大枣炖葱白

——散寒通阳

准备好

红枣 5 粒，葱白 1 根，清水 500 毫升。

这样做

1 红枣洗净；葱白洗净，切大段。

2 将红枣和葱白一同放入沙锅中，加入 500 毫升清水煮开，用小火煮 20 分钟，离火，晾至温热后食用即可。

生姜红糖汁

——驱寒暖胃

准备好

生姜 1 小块，红糖少许，凉开水 300 毫升。

这样做

1 生姜洗净，切成小丁；红糖倒入杯中，倒入开水搅拌至溶化，凉至温热。

2 将切好的生姜放入榨汁机中，加入红糖水，搅打成糖汁状即可。

鲜虾豆腐汤

——补阳防寒

准备好

鲜虾 6 只，豆腐半块，西蓝花 100 克，姜丝、清水各适量，盐 2 克，植物油、香油各少许。

这样做

1 鲜虾挑去虾线，洗净；豆腐洗净，切块；西蓝花择洗干净，掰成小朵。

2 锅烧热，倒入植物油，炒香姜丝，放入鲜虾和豆腐翻炒均匀，加入没过锅中食材的清水，大火烧开后转小火煮 5 分钟，下入西蓝花略煮，加盐和香油调味即可。

阴虚体质

阴虚是由于阴液不足，通常表现为咽干、口干、鼻子干、眼睛干涩等症状，严重时还会导致大便干结。阴虚症状严重的人，在遇到不开心的事情时，很容易着急上火、发脾气。

推荐食材

西洋参

补气养阴，清火生津

白萝卜

能滋阴润燥，可调理肺热肺燥

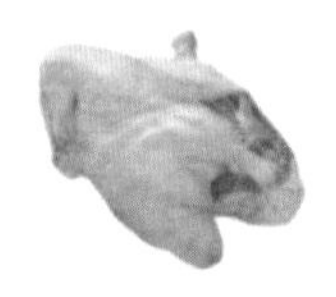

鸭肉

清肺解热，滋阴补血

百合

性微寒，能清热又能润燥

蛤蜊

滋阴润燥，清内热

芝麻

滋阴润肺

饮食原则

多吃甘凉滋润、生津养阴的食物，比如海参、墨鱼、鸭肉、银耳、牛奶等。少吃热性上火之物，比如羊肉、桂圆、炒瓜子、桂皮等，以免助火而使津液更加亏虚。少吃辛辣刺激性食物，多吃新鲜的蔬菜与水果，还要注意补充水分。

蛤蜊豆腐汤

——滋阴生津

准备好

盒装豆腐1块（约350克），蛤蜊200克，葱花、料酒各适量，盐1克，香油3毫升。

这样做

1 蛤蜊泡在清水中，静置6小时后，洗净，用加了料酒的沸水焯烫至蛤蜊开口，捞出备用；豆腐切块。

2 煮锅加适量清水烧开，下入豆腐煮开，用中小火煮10分钟，放入蛤蜊煮2~3分钟，加盐调味，撒上葱花，淋上香油即可。

莲藕老鸭汤

——补虚除热

准备好

麻鸭 500 克，莲藕 250 克，枸杞子 3 克，葱姜 10 克，盐 5 克，鸡粉 3 克，胡椒粉 2 克，料酒、植物油、清水各适量。

这样做

1 将麻鸭宰杀洗净剁成块焯水。

2 莲藕去皮洗净改刀成滚刀块焯水备用。

3 锅内放入少量的油煸香葱姜，放入鸭块，烹料酒、盐、鸡粉和水烧开，撇沫转小火炖至汤乳白麻鸭快成熟时加入莲藕炖软烂即可。

百合黄瓜橙汁

——滋阴去燥

准备好

鲜百合15克，黄瓜1/2根，橙子1/2个，凉开水350毫升。

这样做

1 鲜百合分瓣，洗净；黄瓜去蒂，洗净，切小丁；橙子洗净，去皮、籽，切小块。

2 将处理好的鲜百合、黄瓜和橙子一同放入榨汁机中，加入凉开水，搅打成口感细滑状即可。

痰湿体质

痰湿体质多见于体型比较胖，平时喜欢肥甘、厚腻、重口味的人。痰湿体质者有疲倦、乏力、头昏沉重、大便次数多、食欲不振、口中黏腻等症状。

推荐食材

梨

消痰降火

冬瓜

消痰、清热、利水

薏米

健脾除湿化痰，利小便

茯苓

利水渗湿，健脾宁心

陈皮

理气开胃，燥湿化痰

乌龙茶

健脾化痰、祛湿

饮食原则

多吃些祛湿化痰的食物，比如芥菜、丝瓜、白扁豆、豆腐等；少吃甘肥厚腻的食物，比如肥肉、油炸食品等；不吃辛辣、生冷的食物以及寒凉的饮品等；多吃清凉散热的食物，比如黄瓜、冬瓜、柚子以及各种新鲜的绿叶蔬菜等。

藕梨水

——祛湿消痰

准备好

雪梨1个，莲藕1小段，清水适量。

这样做

1 雪梨洗净，去蒂、核，切小丁；莲藕削皮，洗净，切小丁。

2 将切好的雪梨和莲藕一同放入料理机中，加入适量清水，盖好盖子，选择浓汤键，煮好后倒入杯中晾至温热饮用即可。

陈皮水果汤

——燥湿化痰

准备好

苹果、白梨各 1/2 个，橘子 1 个，冰糖适量，陈皮 10 克，清水适量。

这样做

1 苹果、白梨洗净，去蒂、除核，切块；橘子去皮，将果肉分瓣；陈皮用水冲洗一下。

2 苹果块、梨块、陈皮放入砂锅中，加入没过锅中食材的清水，大火烧开后转小火煮 30 分钟，加橘子瓣略煮，最后下入冰糖煮至化开即可。

海米冬瓜汤

——化痰、利尿

准备好

冬瓜 200 克，干海米 20 克，姜片、香菜碎、清水各适量，盐 1 克，花椒油少许。

这样做

1 冬瓜削皮、去籽，洗净，切片；干海米冲洗一下。

2 冬瓜片、干海米、姜片放入砂锅中，加入没过锅中食材的清水，大火烧开后转小火煮至冬瓜熟软，加盐和香菜碎调味，淋上花椒油即可。

湿热体质

湿热体质是体内有了多余的湿和热，并且无法排出体外而形成的一种体质类型。湿热体质者通常有口臭、口苦、排便不净、小便黄赤且气味大等表现。

推荐食材

绿豆芽
清热解毒，利尿除湿

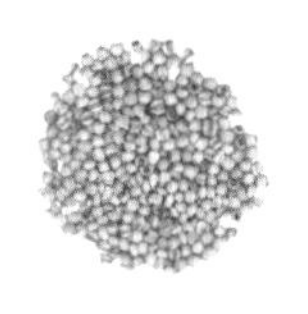

薏米
健脾渗湿，清热排脓

赤小豆
清热除湿，健脾利水

鲤鱼
利水消肿，祛湿开胃

冬瓜
清热去火，去除湿气

苋菜
清热利湿

饮食原则

多吃些能健脾利湿的食物，如薏米、赤小豆等；多吃些能清热利尿的食物，比如冬瓜、黄瓜、西瓜等新鲜蔬果。饮食应清淡，少吃辛辣油腻之物；戒烟忌酒，少吃甜食及煎炸、烧烤类食物，以免助火生湿，加重体内的湿热。

红苋菜山药汤

——清热解毒、利水去湿

准备好

红苋菜 150 克，山药 100 克，姜丝、葱丝、盐、味精、胡椒粉、清水各适量。

这样做

1 红苋菜洗净，切段。

2 山药洗净，去皮切菱形片。

3 锅置火上，倒入适量清水烧开，放入山药片煮熟后捞出，另换清水再放入山药片，放入红苋菜、姜丝、葱丝、盐、味精、胡椒粉煮熟即可。

小白菜冬瓜汤

——利尿、除湿热

准备好

小白菜 100 克，冬瓜 150 克，姜片、清水各适量，盐、鲜味酱油、香油各少许。

这样做

1 小白菜择洗干净，切段；冬瓜去皮、籽，洗净，切成小段。

2 将冬瓜、姜片放入汤锅中，加入没过锅中食材的清水，小火煮至冬瓜熟软，下入小白菜煮 2~3 分钟，加盐、鲜味酱油和香油调味即可。

鲤鱼豆苗汤

——清热降火、消水肿

准备好

鲤鱼 1 条约 750 克，豆苗 10 克，枸杞子 2 克，高汤 500 克，盐 5 克，鸡粉 3 克，胡椒粉 2 克，料酒 10 克，葱姜各 5 克。

这样做

1 将鲤鱼去内脏洗干净。

2 锅烧热后放少许油将鲤鱼煎成两面金黄出锅备用。

3 锅内放入葱姜煸香，下入鲤鱼烹料酒加高汤烧开转中火炖制鲤鱼熟透，加入豆苗、枸杞子汤汁奶白加入盐、鸡粉、胡椒粉调好味即可。

血瘀体质

如果身体血液凝滞不畅，就会产生瘀血，形成血瘀体质。血瘀体质者面色晦暗，色素沉着或有紫斑，口唇黯淡，皮肤干燥、粗糙，常常出现针刺样疼痛，容易健忘、性情急躁。

推荐食材

山楂

活血化瘀、行气

玫瑰花

和血散瘀

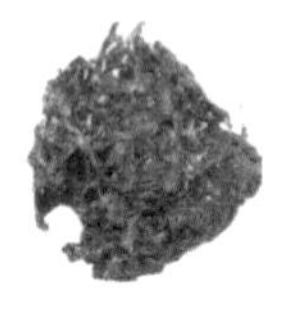

紫菜

行气活血、散结

油菜

活血化瘀

核桃仁

能破血祛瘀，可改善血滞经闭、血瘀腹痛等

莲藕

止血散瘀

饮食原则

多吃一些能活血化瘀的食物，比如油菜、山楂、醋等。多吃些富含维生素C与柠檬酸的食物，比如橘子、橙子、柠檬等，有利于改善血瘀体质易疲劳、失眠等症状。少吃油腻、寒凉之物，容易损伤肝脏，引起气血运行不畅，从而加重血瘀症状。

五色紫菜汤

——活血行气

准备好

紫菜 5 克，竹笋 10 克，豆腐 50 克，菠菜、水发冬菇 25 克，酱油、姜末、香油、清水各适量。

这样做

1 将紫菜洗净，撕碎；豆腐焯水，切块；水发冬菇、竹笋均洗净、切细丝；菠菜洗净，切小段。

2 锅放入适量清水煮沸，下竹笋丝略焯，捞出沥水备用。

3 另取一锅加水煮沸，下水发冬菇、竹笋、豆腐、紫菜、菠菜，放酱油、姜末，待汤煮沸时，淋少许香油即可。

莲藕葡萄汁

——散瘀和血

准备好

莲藕200克，绿葡萄粒150克，凉开水100克。

这样做

1 莲藕去皮，洗净，切成小丁；绿葡萄粒洗净，一切两半。

2 将切好的莲藕和绿葡萄粒一同放入榨汁机中，加入凉开水，搅打成口感细滑状即可。

香菇油菜豆腐汤

——活血祛瘀

准备好

油菜 2 棵，豆腐半块，鲜香菇 3 朵，葱花、水淀粉各适量，清水 400 毫升，盐 2 克，植物油、蚝油各少许。

这样做

1 油菜择洗干净，切小段；豆腐洗净，切块；鲜香菇去蒂，洗净，焯水，切片。

2 锅烧热，倒入植物油，炒香葱花，放入 400 毫升清水烧开，下入豆腐煮开，再放入油菜和香菇煮 2~3 分钟，加盐和蚝油调味，用水淀粉勾薄芡即可。

气郁体质

气郁体质者肝气郁结、肝血不足，气血的运行不畅。气郁体质是工作压力大的人最常见的体质，尤其女性多见。气郁体质者会有面色暗青、郁郁寡欢、敏感多疑、急躁易怒等表现。

推荐食材

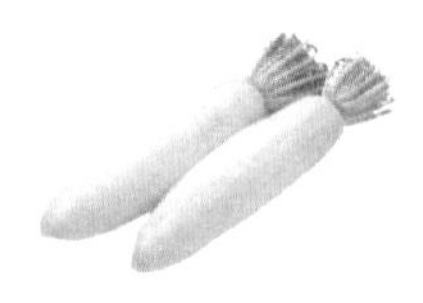

白萝卜
顺气化痰，疏肝解郁

玫瑰花
善于疏肝理气、止痛

香菜
行气解郁

柚子
疏肝理气

开心果
疏肝理气、缓解焦虑

茉莉花
宽胸解郁，畅达情志

饮食原则

宜吃些香菜、橙子、茴香等能疏肝理气的食物，可起到解郁散结的作用。吃些猪肝、鸡肝、鸭血等能补肝血的食物，肝血充足，气郁体质会有所改善。多吃些能助眠的食物，比如酸枣仁等，可改善气郁体质引起的失眠、健忘等症状。忌食生冷、冰凉之物，以免引起气血运行不畅。

玫瑰鸡汁羹

——理气解郁

准备好

鸡胸肉 100 克，干玫瑰花瓣 15 克，姜片、清水各适量，盐、鸡精、植物油各少许。

这样做

鸡胸肉去净筋膜，洗净，切小丁，放入汤锅中，加入姜片和没过鸡肉的清水，大火煮开后撇净浮沫，用小火煮至鸡胸肉熟软，加盐、鸡精和植物油调味，盛入大碗中，撒上干玫瑰花瓣即可。

萝卜丝汤

——顺气消胀

准备好

白（青）萝卜100克，白面粉15克，植物油、虾米、香菜、姜末、胡椒粉、味精、精盐、料酒各适量，高汤300克。

这样做

1 将白（青）萝卜去皮切成细丝，过开水略汆捞出备用；虾米开水泡软；香菜洗净切碎。

2 锅上火加入植物油，烧至五成热时，投入白面粉略炒，随后加高汤300克，再加白（青）萝卜丝、虾米、姜末投入锅内，再加入胡椒粉、精盐、味精、料酒，烧开后撒入香菜末，倒入小碗中即成。

白菜柚子汤

——开胃理气

准备好

柚子肉 100 克，白菜 60 克，猪瘦肉 250 克，盐、高汤各适量。

这样做

1 白菜洗净，切丝；猪瘦肉洗净，切末；柚子肉切成小块。

2 锅置火上，放入适量高汤煮沸后，再下猪肉末、白菜丝、柚子肉，用中火同煮 10 分钟至熟，加盐即可。

特禀质

特禀质又称特禀体质。是由遗传因素和先天因素所造成的特殊状态的体质。特禀质者容易起荨麻疹，有的人一接触花粉或者闻到异味就打喷嚏、流清涕、哮喘，对季节过敏。

推荐食材

红枣

益气养血

蜂蜜

含有花粉粒和蜂毒，可应对过敏

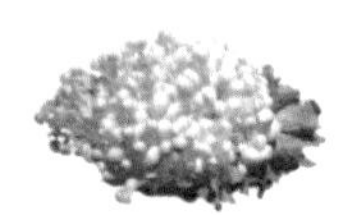

金针菇

增强免疫力，抑制过敏性病症

黄芪

补益气血，平衡免疫力

乌梅

调节免疫功能，增强对抗过敏的能力

胡萝卜

富含的β-胡萝卜素能有效预防过敏性皮炎等过敏反应

饮食原则

常吃些能扶正固本的食物，比如红枣、枸杞、银耳、莲子等，以增强体质。少吃海产品，比如虾、螃蟹、海鱼、扇贝等，以免出现皮肤红斑、腹泻等过敏反应。少吃容易引起过敏的坚果类食物，比如花生、腰果、榛子等。饮食宜清淡，少吃生冷、辛辣、肥甘油腻食物。

酸梅汤

——御卫固表、抗过敏

准备好

乌梅10粒，甘草5片，干山楂片15片，冰糖10克，清水1000毫升。

这样做

1 将乌梅、甘草、干山楂片洗净，放入砂锅中，加入1000毫升清水，浸泡60分钟。

2 置火上大火烧开，转小火煮40分钟，加冰糖煮至化开，离火晾凉，装入玻璃容器中，送入冰箱冷藏，随饮随取即可。

草莓蜂蜜汁

——提高免疫力

准备好

草莓 250 克，纯净水 100 毫升，蜂蜜、凉开水各适量。

这样做

1 将草莓清洗干净，去蒂，切成小块。

2 将草莓块和凉开水一起倒入榨汁机中，搅打均匀后倒入杯中，加蜂蜜调匀即可。

胡萝卜汤

——增强抵抗力、抗过敏

准备好

胡萝卜 500 克，白糖、凉开水各适量。

这样做

1 将胡萝卜洗净，切碎，放入锅内，加入凉开水，上火煮沸约 20 分钟。

2 胡萝卜煮烂加入白糖，调匀，即可饮用。

第六章

滋补养生汤，给身体打下好底子

想要健康，不需要昂贵的医药，也不需要山珍海味，平常的食材，普通的滋补汤品便可助你健康。因为汤不仅营养丰富，而且易于消化和吸收，能为我们的身体补充均衡的营养，常喝些滋补汤能起到清热祛火、清热祛湿、缓解疲劳、调节内分泌，维护血管健康等作用，有助于给身体打下好底子，增强抗病能力。

清热祛火

当出现嘴唇干裂、嘴里起泡、咽喉肿痛、鼻塞难通等症状时，说明你上火了！上火时喝点汤是很不错的降火方法，不会对身体产生副作用，可以轻轻松松帮助身体“灭火”。

推荐食材

绿豆

性寒，能降火解毒

西瓜

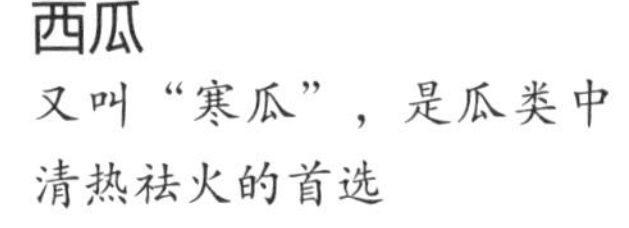

又叫“寒瓜”，是瓜类中清热祛火的首选

苦瓜

味苦性寒，具有清热祛火的功效

荸荠

可缓解痰热咳嗽、咽喉疼痛等上火症状

雪梨

能降火、清热，缓解咽喉干痛、便秘等上火症状

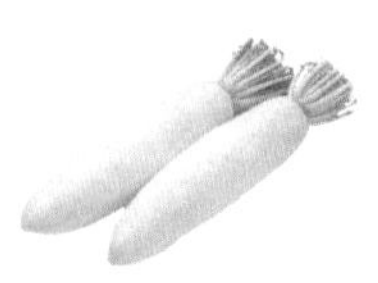

白萝卜

能清除因食物积滞于肠道内而引发的内火

饮食原则

不吃辣椒等辛辣燥热的食物，以免加重上火症状。饮食要以松软、易于消化吸收的食物为主，烹调方法以蒸、炖、煮、烧为主，少吃烤、煎、炸等难消化的油腻食物。干燥的秋冬季节要注意及时补充水分。多吃些粗粮和新鲜的蔬菜。

雪梨莲藕汁

——祛痰止咳，润养咽喉

准备好

雪梨 1 个，莲藕 150 克，凉开水 200 毫升，蜂蜜少许。

这样做

1 雪梨洗净，去蒂，除核，切成小丁；莲藕去皮，洗净，切成小丁。

2 将切好的雪梨和莲藕一同放入榨汁机中，加入凉开水和蜂蜜，搅打成口感细滑状即可。

海蜇荸荠汤

——清热生津

准备好

海蜇 80 克，鲜荸荠 35 克，盐、清水各适量。

这样做

1 将海蜇用温水泡发，冲洗干净，用刀切碎，待用；把鲜荸荠洗净，去皮，再用清水冲洗，待用。

2 将切碎的海蜇和荸荠一齐放入洗净的砂锅内，加清水适量，置于旺火上煮沸后，改小火煮 1 小时，煮好后放入盐，将汤倒入碗内即可。

萝卜炖猪肺

——消食、润肺止咳

准备好

白萝卜 250 克，猪肺 150 克，杏仁、胡萝卜块各少许，清水 600 毫升，姜丝适量，盐、味精、麻油各少许。

这样做

1 猪肺挑除血丝气泡，洗净，切成小块；胡萝卜、白萝卜洗净，切块；杏仁洗净，去皮。

2 将猪肺、白萝卜、胡萝卜、杏仁一同放入砂锅中，注入清水 600 毫升，加入姜丝，烧开后，撇净浮沫，小火炖 1 小时，放入盐、味精，淋麻油调匀即可。

清热祛湿

湿与热勾结，入侵人体形成湿热，或因湿久留不除而化热，是很多慢性、顽固性疾病的致病根源。湿热常有头身困重，午后发热，恶心厌食，口苦口干等症状，可常喝有清热祛湿功效的汤，帮助身体恢复健康。

推荐食材

红小豆

有健脾利水、清热除湿的功效

薏米

能利水渗湿，常用于水肿的辅助调养

黄瓜

能清热利水，有助于除湿

西瓜翠衣（西瓜皮）

性味甘凉、微寒，能除烦祛湿、利水

冬瓜

能清热养阴、化湿解毒

荸荠

具有消暑祛湿、化湿祛痰的功效

饮食原则

油炸食品、火锅、烧烤、甜食、生冷食物都不宜多吃，会加重体内湿气堆积；切忌暴饮暴食，吃得过多会加重脾胃的负担，影响脾胃的消化功能，容易生湿；少量饮酒，可温经通脉、舒筋活血，但长期大量饮酒，就会耗损脾胃和肝胆之气，导致水湿内停，而生湿生痰。

二豆汁

——清热解毒、利湿

准备好

红小豆 10 克，绿豆 10 克，蜂蜜少许，清水 400 毫升。

这样做

1 红小豆、绿豆分别淘洗干净，用清水浸泡 2~3 小时，煮熟，备用，再留出 400 毫升清水煮红小豆和绿豆的水。

2 将红小豆和绿豆一同放入榨汁机中，加入蜂蜜及煮红小豆和绿豆的水，搅打成口感细滑状即可。

蜂蜜黄瓜汤

——祛湿降火气

准备好

黄瓜 1 根，蜂蜜 100 克，清水少许。

这样做

1 黄瓜洗净，去瓤，切成条。

2 将黄瓜条加少许清水煮沸，趁热加入蜂蜜，再煮沸即可。

虾仁萝卜冬瓜羹

——祛湿润燥

准备好

鲜虾仁 50 克，胡萝卜半根，冬瓜 150 克，葱花、水淀粉、清水各适量，盐、植物油各少许。

这样做

1 鲜虾仁洗净，切小丁；胡萝卜去蒂，洗净，切小丁；冬瓜去皮、籽，洗净，切小丁。

2 锅倒油烧热，炒香葱花，放入冬瓜丁和胡萝卜丁翻炒均匀，加没过锅中食材的清水，小火煮至冬瓜和胡萝卜丁熟软，下入虾仁煮 2~3 分钟，加盐调味，用水淀粉勾薄芡即可。

缓解疲劳

疲劳乏力是一种自我感觉，也是亚健康的主要标志和典型的表现。经常喝些蔬果汁对缓解疲劳有一定的作用。因为蔬果汁中富含所必需的B族维生素、维生素C、钙等营养素，并且制作方法方便快捷，所含的营养物质也容易吸收。

推荐食材

豆类

富含钙质，能改善疲惫、无力的状况

核桃仁

可松弛脑神经的紧张状态，缓解大脑疲劳

橙子

含有独特的芳香物质，有镇静作用，能消除疲劳

蜂蜜

可迅速补充体力，消除疲劳

花生

富含蛋白质、B族维生素，可缓解疲劳、恢复体力

枸杞子

能增强身体活力，有助于消除疲劳，提高工作效率

饮食原则

均衡饮食，不挑食，有助于摄入全面而均衡的营养，避免营养不良引起身体虚弱，从而容易疲劳乏力。一定要吃早餐，不要暴饮暴食。不要拒绝肉类，肉类补铁效果好，能预防和纠正贫血引起的疲乏困倦感。

腰果花生牛奶汁

——抗疲劳

准备好

花生米 15 克，腰果 10 克，纯牛奶 400 毫升。

这样做

1 花生米炒熟，晾凉，擀碎；腰果烤熟，晾凉，擀碎。

2 将花生碎和腰果碎一同放入榨汁机中，加入纯牛奶，搅打成口感细滑状即可。

杏仁苹果豆腐羹

——放松身心

准备好

豆腐 3 块，杏仁 20 粒，苹果 1 个，冬菇 4 朵，食盐、植物油、白糖、味精各少许，淀粉适量。

这样做

1 将豆腐切成小块，置水中泡一下捞出。冬菇洗净，切碎，搅成蓉，和豆腐煮至滚开，加上食盐、植物油、白糖，用淀粉同调成芡汁，制成豆腐羹。

2 杏仁用温水泡一下，去皮；苹果洗净去皮切成粒，二种食材混合搅成茸。

3 豆腐羹冷却后，加上杏仁、苹果糊，味精拌匀，即成杏仁苹果豆腐羹。

红薯枸杞汤

——抗疲劳

准备好

红薯 2 个，枸杞子、蜂蜜、清水各适量。

这样做

1 红薯削皮，洗净，切块；枸杞子用水冲洗一下。

2 红薯块放入汤锅中，加入没过锅中食材的清水，大火烧开后转小火煮至熟软，加枸杞子略煮，离火，晾至温热，加蜂蜜调味即可。

调节内分泌

我们避免不了压力，但可以降低压力对健康的伤害。普通人由于压力太大，容易导致内分泌失调。缓解内分泌失调除了心理调节，饮食也至关重要，因为持续的压力会大量消耗身体的能量，营养素需求量也会大大增加。常喝些汤能减压，喝出神清气爽！

推荐食材

芦笋

富含的叶酸能稳定情绪，应对压力

蓝莓

富含花青素、维生素C等抗氧化物质，能帮助人体调节内分泌

黄豆

富含可合成人体抗压物质肾上腺素需要的蛋白质

菠菜

富含的镁有平复情绪的作用，能减轻压力，调节内分泌

芹菜

含有的芹菜甙元有镇定作用，有助于调节内分泌

牛奶

富含的钙能够减少肌肉痉挛，舒缓压力调节内分泌

饮食原则

多吃富含B族维生素、维生素C、膳食纤维、钙、镁、钾的食物。谷类富含B族维生素；新鲜蔬果富含维生素C和膳食纤维；牛奶是最好的钙质来源；绿叶蔬菜、粗粮和坚果富含镁；香蕉、土豆、蘑菇等含钾量丰富。

蓝莓香蕉汁

——减轻心理压力

准备好

蓝莓 100 克，香蕉 1 根，凉开水 350 毫升。

这样做

1 蓝莓洗净；香蕉去皮，切小块。

2 将蓝莓和香蕉一同放入榨汁机中，加入凉开水，搅打成口感细滑状即可。

黄豆海带汤

——安定情绪

准备好

黄豆 50 克，小红辣椒 2 个，盐 5 克，味精、胡椒粉各少许，清水适量。

这样做

1 海带洗净，切小片；黄豆用水泡发（约 10 小时）；小红辣椒去蒂、子，洗净，切节。

2 锅置火上，倒入适量清水烧开，放入黄豆煮至八成熟，加海带一同煮熟。再加入小红辣椒、味精、胡椒粉、盐煮至开锅即可。

口蘑芦笋汤

——调节内分泌

准备好

口蘑 50 克，芦笋 100 克，水发黑木耳 2 朵，姜片、清水各适量，盐、鸡精、香油各少许。

这样做

1 口蘑去蒂，洗净，切片；芦笋择洗干净，斜刀切片；水发黑木耳去蒂，洗净，撕成小朵。

2 将口蘑、芦笋、水发黑木耳、姜片一同放入汤锅中，加入没过锅中食材的清水，大火煮沸后用小火煮 15 分钟，加盐、鸡精和香油调味即可。

维护血管健康

人体是由血管组成的，血管健康决定人的寿命。而由胆固醇沉积形成的动脉粥样硬化斑块是威胁血管健康最重要的因素。血管要健康，合理膳食是不能忽略的要素之一。常喝些清淡的汤，能让血管更健康。

推荐食材

绿茶

可帮助降血脂，预防微血管壁破裂出血

洋葱

所含的槲皮酮能阻止自由基对动脉血管的损害

黑木耳

富含的腺嘌呤核苷能减少血液凝块，预防动脉粥样硬化

生姜

具有抗凝血功能，预防出现血栓

番茄

含有的维生素C等营养物质能降低血黏度、预防血栓

山楂

含有的黄酮类物质能增强血管壁的韧性，防止破裂

饮食原则

建议每日的主食中要含有 50~150 克的全麦，如玉米、小米、燕麦、黑米、荞麦、糙米等。多吃深绿色的蔬菜和水果。多吃豆类和豆制品，少吃肉类。常吃些能保护血管的食物，如芹菜、胡萝卜、海带、紫菜、山楂等。最好不饮酒。切忌暴饮暴食，尤其晚餐不宜过饱。

山楂番石榴橙汁

——养护血管

准备好

山楂5粒，番石榴50克，橙子1个，凉开水400毫升。

这样做

1 山楂洗净，去蒂、籽，切小丁；番石榴洗净，切小块；橙子洗净，去皮、籽，切小块。

2 将切好的山楂、番石榴、橙子一同放入榨汁机中，加入凉开水，搅打成口感细滑状即可。

黄花木耳汤

——保护心脑血管

准备好

干黄花 30 克，黑木耳 20 克，盐、鸡精各少许，葱花、清水、植物油各适量，胡椒粉、味精各少许。

这样做

1 干黄花泡发，洗净去根；黑木耳用温水泡发好，撕成小朵。

2 锅置火上，倒油烧热，炒香葱花，放入干黄花、黑木耳翻炒片刻，倒入适量清水煮开至熟，加盐、味精、鸡精、胡椒粉调味即可。

西红柿洋葱鸡蛋汤

——保护血管

准备好

西红柿、洋葱各 50 克，鸡蛋 1 个，海带清汤、盐、白糖、酱油各适量。

这样做

1 将西红柿洗净，焯烫后去皮，切块；洋葱洗净，切碎；鸡蛋打散，搅拌均匀。

2 锅置火上，放入海带清汤大火煮沸后加入洋葱、酱油，转中火再次煮沸后，加入西红柿，转小火煮 2 分钟。

3 将锅里的西红柿和洋葱汤煮沸后，加入蛋液，搅拌均匀加盐、白糖调味即可。

改善畏寒

畏寒怕冷可由贫血、低血压、甲状腺功能减退、内分泌失调而引起，但大多数畏寒怕冷、四肢发凉的人属于亚健康状态，主要原因是饮食不当、营养缺乏、衣着不当、缺乏运动等。

推荐食材

生姜

能温暖身体，促进血液循环，改善虚寒症状

羊肉

可促进血液循环，既能滋补又能御寒

海带

富含的碘具有维持代谢和产热功效

桂圆

有温阳益气的作用，可提高御寒能力

南瓜

富含维生素A原，能增强耐寒能力

鸡蛋

富含的铁有调节体温、保持体温的作用

饮食原则

适当多吃些性温热的食物，如羊肉、虾、韭菜、糯米、红枣等，可起到暖身驱寒的作用。应少吃寒凉之品，以免伤及阳气，如鸭肉、螃蟹、蚌肉、牛奶、苦瓜、冬瓜、西瓜、荸荠、菊花、薄荷等寒凉食品。也应慎食滋腻味厚之物。

胡萝卜苹果姜汁

——改善畏寒

准备好

鲜生姜10克，胡萝卜1/2根，苹果1/2个，温开水350毫升，蜂蜜少许。

这样做

1 姜洗净，切小丁；胡萝卜去蒂，洗净，切小丁；苹果洗净，去蒂、核，切小丁。

2 将切好的姜、胡萝卜和苹果一同放入榨汁机中，加入温开水和蜂蜜，搅打成口感细滑状即可。

草菇蛋花汤

——补脾益气

准备好

草菇 100 克，鸡蛋 2 个，鸡脯肉、鲜奶、盐、水淀粉、料酒、植物油、葱末、清水各适量。

这样做

1 鸡脯肉洗净，切丝，用料酒、盐拌匀；草菇洗净，切片；鸡蛋放入碗中打散。

2 油锅烧热，爆香葱末，倒入鸡丝、草菇片炒 3 分钟至熟。

3 倒入鲜奶和适量清水，加盖焖煮 5 分钟，再加入蛋液略煮片刻，用水淀粉勾芡，加盐调味即可。

桂圆红枣莲子羹

——暖身驱寒

准备好

干桂圆肉 25 克，红枣 3 粒，干莲子 10 粒，水发银耳 1 小朵，清水适量。

这样做

1 红枣洗净；干莲子用清水浸泡 1 小时；水发银耳去蒂，洗净，撕成小朵。

2 将干桂圆肉、干莲子、水发银耳一同放入汤锅中，加入没过锅中食材的清水，小火煮至汤汁略稠，加红枣煮软即可。

改善食欲不振

食欲不振容易造成营养不良，影响身体健康，应及时调理。食欲不振者可常喝些具有开胃功效的汤，有助于刺激胃酸分泌，改善食欲不振。

推荐食材

山药

可补脾健胃，能改善食欲不振、消化不良

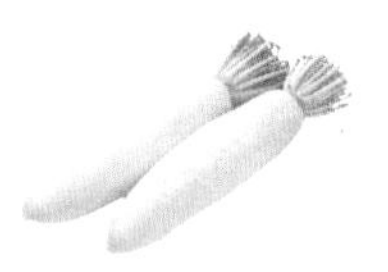

白萝卜

能促消化、增进食欲

山楂

能促进消化液的分泌，增进食欲

番茄

能健胃消食，可增强食欲

陈皮

适宜脾胃气滞所致的脘腹胀满、食欲缺乏

菠萝

能刺激唾液腺和消化腺分泌，改善食欲不振

饮食原则

饥饱有节制，不要见到爱吃的食物就拼命吃得过饱，不爱吃的东西就不吃或少吃；进食有规律，按时进餐，能保持消化功能良好的节律性，有助于保持良好的食欲。吃洁净的食物，不吃腐败变质或可能受到污染的食物。进食时细嚼慢咽，以免增加胃的负担。

菠萝木瓜汁

——健脾胃、促食欲

准备好

菠萝肉 100 克，木瓜 80 克，凉开水 300 毫升，淡盐水适量。

这样做

1 菠萝肉用淡盐水浸泡去涩味，切小块；木瓜洗净，去皮、核，切小块。

2 将切好的菠萝和木瓜一同放入榨汁机中，加入凉开水，搅打成口感细滑状即可。

山楂大麦茶

——开胃消食

准备好

炒山楂、炒麦芽各 10 ~ 15 克，红糖少许，清水适量。

这样做

1 把炒山楂、炒麦芽及红糖一同放入锅内。

2 加清水煎汤，煎沸 5 ~ 7 分钟后，去渣取汁即可。

蔬菜版罗宋汤

——养肝健脾

准备好

番茄、土豆各1个，胡萝卜丁20克，西芹、圆白菜各50克，洋葱1/4个，番茄酱30克，白糖10克，黑胡椒粉适量，清水700毫升，盐、植物油各少许。

这样做

1 番茄洗净，去皮、蒂，切块；土豆去皮，洗净，切丁；西芹、洋葱分别择洗干净，切丁；圆白菜洗净，撕成小片。

2 锅烧热，倒入植物油，放入切好的番茄、土豆丁、胡萝卜丁、西芹丁、洋葱丁翻炒均匀，加入700毫升清水和白糖、番茄酱，大火煮开后转小火煮至土豆熟软，放入圆白菜片略煮，加盐和黑胡椒粉调味即可。

改善健忘

年龄的增长会让身体很多器官的功能有所退化，脑部开始衰老的主要表现就是健忘。把具有增强记忆力的食材做成汤饮用，能对大脑有针对性地营养补充，改善健忘，增强记忆力。

推荐食材

核桃仁

富含不饱和脂肪酸，能营养脑细胞，增强记忆力

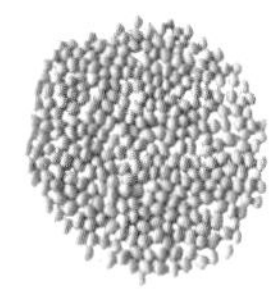

大豆

含有的卵磷脂是构成脑部记忆的物质和原料

牛奶

可提供大脑所需的各种氨基酸，增强大脑活力，改善记忆力

蛋黄

富含DHA和卵磷脂等，能健脑益智，改善记忆力

苹果

含有抗氧化物质，能提高乙酰胆碱的水平，对提高记忆力有帮助

饮食原则

蔬菜、谷类不能少，蔬菜和谷类食物富含多种维生素和矿物质，还富含膳食纤维，这些营养物质有助于改善大脑功能，提高记忆力。少吃甜食，过量食用甜食会影响记忆力，容易健忘。每餐不宜过饱，不要暴饮暴食。

核桃仁糙米牛奶汁

——延缓脑细胞衰老

准备好

核桃仁 25 克，糙米 20 克，纯牛奶 400 毫升。

这样做

1 核桃仁炒熟，晾凉，擀碎；糙米淘洗干净，用清水浸泡 1 小时，蒸熟。

2 将核桃仁碎和熟糙米一同放入榨汁机中，加入纯牛奶，搅打成口感细滑状即可。

黄豆芽排骨豆腐汤

——改善健忘

准备好

豆腐1盒，黄豆芽200克，排骨400克，青椒150克，高汤、香葱段、姜片、盐、胡椒粉各适量。

这样做

1 豆腐洗净，切块；青椒洗净，去籽，切丝；黄豆芽洗净，备用。

2 排骨洗净切小块，在锅中焯烫一下，冲去血水，捞出。

3 将高汤煮沸，下排骨、黄豆芽、姜片，转小火，煮约30分钟，放豆腐、青椒丝，加入盐、胡椒粉、香葱段，搅匀即可。

盖菜咸蛋汤

准备好

盖菜 250 克，生咸鸡蛋 2 个，姜末、清水各适量，植物油、鸡精各少许。

这样做

1 盖菜择洗干净，切成寸段；生咸鸡蛋磕入碗中，将蛋黄和蛋清分离，将蛋清搅散。

2 锅烧热，倒入植物油，炒香姜末，倒入适量清水烧开，下入蛋黄煮 3~5 分钟，放入盖菜煮至断生，淋入蛋清搅拌成蛋花，加鸡精调味即可。

第七章

对症养生汤，改善症状一身轻

汤是我们餐桌上不可缺少的佳肴，其实我们常喝的家常汤还有养生的作用。我国民间各地流传着各种不同的食疗养生汤。可以说，我们自家餐桌上的家常汤，是能养生的一碗“自制药膳”，可以帮助改善不适症状让你一身轻松。

高血压

高血压是持续血压过高的一种疾病，会引起高血压性心脏病、中风、肾衰竭等严重疾病，已成为威胁人类生命的潜在“杀手”。高血压患者要注意饮食调节，通过饮食来控制血压是生活中必不能少的环节。

推荐食材

芹菜

缓解高血压引起的头痛、头涨

番茄

富含的番茄红素、钾、维生素 C 等，有辅助降压作用

荸荠

含有辅助降低血压的有效成分：荸荠英

香蕉

富含镁和钾，可维持血压稳定

橙子

富含钾和抗氧化物质维生素 C，有助降血压

海带

富含的甘露醇能利尿、降压

饮食原则

提高杂粮、全谷物食品在主食结构中所占的比例，这些食物富含 B 族维生素和膳食纤维，有助于控制血压。炒菜时宜用植物油，比如橄榄油、花生油、玉米油等。

芹菜菠萝汁

——平稳血压

准备好

芹菜 1 根，菠萝 1/2 个，凉开水 100 毫升。

这样做

1 芹菜去根，洗净，留叶切成小段；菠萝去皮，切成小丁。

2 将切好的芹菜和菠萝放入榨汁机中，倒入凉开水，搅打成汁即可。

西红柿鸡蛋疙瘩汤

——利尿排钠

准备好

面粉 100 克，番茄 1 个，鸡蛋 1 个，小油菜 2 棵，葱花适量，清水 1000 毫升，盐、植物油各少许。

这样做

1 番茄洗净，去皮、蒂，切小丁；鸡蛋磕入碗中，打散；小油菜择洗干净，切小段；少量多次地在面粉中加入适量清水，搅成小絮状。

2 锅置火上烧热，倒入植物油，炒香葱花，放入番茄翻炒均匀，加 1000 毫升清水烧开，下入面疙瘩煮至熟软，加油菜煮至变色，淋入鸡蛋液，加盐调味即可。

玉米冬瓜海带结汤

——降压降脂

准备好

鲜海带结 50 克，嫩玉米棒 1 个，冬瓜 150 克，葱花、香菜碎、清水各适量，盐 2 克，植物油少许。

这样做

1 鲜海带结洗净；嫩玉米棒切小块；冬瓜去皮、籽，洗净，切小块。

2 锅置火上，倒油烧热，炒香葱花，放入鲜海带结、嫩玉米块、冬瓜块翻炒均匀，倒加入没过锅中食材的清水，大火烧开后转小火煮至玉米熟软，加盐和香菜碎调味即可。

糖尿病

糖尿病临床以高血糖为主要特征。饮食治疗对患有糖尿病的人来说是很重要的，任何一位糖尿病患者都需要进行饮食治疗。可以说，没有饮食治疗就没有糖尿病的满意控制，长期坚持饮食调养，能预防和延缓糖尿病并发症的发生和发展。

推荐食材

苦瓜

修复受损的胰岛素细胞，预防和改善糖尿病并发症

山药

能滋补肝肾、降糖止渴

黄瓜

对血糖影响较小，有助于预防糖尿病并发高脂血症

冬瓜

预防肥胖，对降糖有益

芦笋

含有铬，能调节血液中脂肪和糖分的浓度

燕麦

富含膳食纤维，能减少胃肠道对糖分的吸收

饮食原则

最好将粗粮和细粮搭配食用，以保证摄入一定量的膳食纤维。蛋白质的摄入主要来自于肉类和豆制品，食用肉类时，尽量选择瘦肉，白肉比红肉更好。牛奶和蛋类也是保证蛋白质摄入的适宜食物；绿叶蔬菜要保证充足的摄入；水果应在医生的指导下食用，宜在血糖比较平稳的情况下，且选择升糖指数较低的水果。

苦瓜芹菜汁
——消渴降糖

准备好

苦瓜150克，芹菜100克，橙子1/2个，凉开水200毫升。

这样做

1 苦瓜洗净，去蒂和籽，切小块；芹菜去根，洗净，留叶切小段；橙子洗净，去皮和籽，切小块。

2 将切好的苦瓜、芹菜和橙子一同放入榨汁机中，加入凉开水，搅打成口感细滑状即可。

莲子冬瓜炖排骨

——改善烦渴多饮

准备好

猪小排 300 克，冬瓜 250 克，莲子 25 克，干贝 30 克，枸杞子 5 克，盐适量，鸡粉 4 克，胡椒粉 2 克，清水适量。

这样做

1 猪小排洗干净，斩段，放入沸水中煮 5 分钟，捞出控干；冬瓜去皮，切块；莲子泡发洗净。

2 砂锅里放清水、莲子、干贝、排骨炖 2 个小时。

3 再放入冬瓜炖 20 分钟后，加枸杞子、盐、鸡粉、胡椒粉即可。

黄瓜蛤蜊汤

——减脂控糖

准备好

黄瓜 1 根，蛤蜊 150 克，盐 1 克，姜片、清水、淡盐水各适量，植物油少许。

这样做

1 蛤蜊用淡盐水浸泡 2~3 小时使其吐净泥沙，洗净；黄瓜去蒂，洗净，切片。

2 锅置火上，倒油烧热，炒香姜片，放入蛤蜊翻炒均匀，加适量清水大火烧开，转小火煮至蛤蜊开壳，下入黄瓜片煮 2~3 分钟，加盐调味即可。

高血脂

高血脂是血浆中一种或多种脂质高于正常值的疾病。高血脂可引发动脉粥样硬化、心肌梗塞、心绞痛和脑动脉硬化、脑血栓等严重疾病。患了高血脂除了服用药物治疗外，最直接、最有效的降血脂手段就是科学饮食。

推荐食材

洋葱

有辅助降血脂、预防血栓形成的作用

山楂

有辅助降低胆固醇，预防动脉粥样硬化的作用

燕麦

能辅助降低胆固醇、低密度脂蛋白胆固醇，抑制胆固醇吸收

芹菜

富含膳食纤维，有较好的辅助降血脂作用

黄瓜

减少胆固醇吸收，抑制糖类转变成脂肪

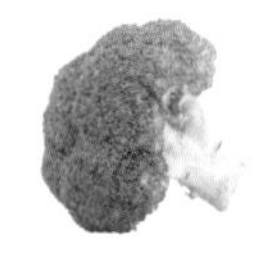

西蓝花

富含类黄酮，能有效清除血管上沉积的胆固醇

饮食原则

饮食应低脂肪、少胆固醇，多吃新鲜蔬果，主食粗细搭配，少饮酒，少吃甜食，适量多饮水。烹调方式宜少油，以富含不饱和脂肪酸的植物油为主，如大豆油、玉米油、花生油。蛋类每天不超过1个，或2~3天吃1个鸡蛋。各种茶叶均有促进脂肪代谢的作用，其中以绿茶最好。

洋葱果菜汁

——保护心血管

准备好

洋葱半个，苹果1个，芹菜100克，凉开水150毫升。

这样做

1 洋葱撕去外皮，去蒂，切小丁；苹果洗净，去蒂，除核，切成小丁；芹菜去根，洗净，留叶切短段。

2 将切好的洋葱、苹果和芹菜一同放入榨汁机中，加入凉开水，搅打成汁即可。

燕麦山药红枣汤

——保护心脑血管

准备好

山药150克，燕麦35克，红枣35克，冰糖25克，清水适量。

这样做

1 先将燕麦洗净加水入蒸箱蒸熟备用。

2 山药去皮洗净切小菱形块焯水。

3 沙煲加清水将山药、燕麦、冰糖、红枣放入小火煮至20分钟，山药软烂即可。

西蓝花裙带菜汤

准备好

西蓝花 150 克，口蘑 3 朵，干裙带菜 10 克，葱末适量，植物油、盐各少许，清水适量。

这样做

1 西蓝花择洗干净，掰成小朵；口蘑洗净，切片；干裙带菜用清水浸泡 15 分钟，洗净。

2 锅烧热，倒入植物油，炒香葱末，放入口蘑和干裙带菜略炒，倒入适量清水大火烧开，转小火煮 3~5 分钟，放西蓝花略煮，加盐调味即可。

贫血

当血液里的血红蛋白含量男性低于120克/升，女性（非妊娠）低于110克/升，孕妇低于100克/升时，即为贫血，会出现面色苍白、头昏、乏力等症状，严重时会导致食欲不振、腹泻腹痛、肢端发凉等。

推荐食材

动物血

含铁量丰富且容易被吸收利用，补血效果好

桂圆

能补气养血，适合各类贫血患者食用

瘦肉

富含铁，对缺铁性贫血有益

鸡蛋

富含蛋白质、铁，可有效调理贫血

芥菜

富含的维生素C能促进铁的吸收

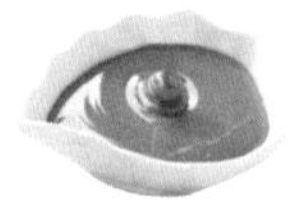

芝麻酱

含铁量高，能纠正和预防缺铁性贫血

饮食原则

补充富含铁、维生素B_{12}、B_2、C及叶酸的食物；少吃含植酸多的食物以免影响铁的吸收；应将富含蛋白质（如乳、蛋、肉等）及维生素C较多的食物合理地分配于三餐。巨幼细胞性贫血者要补充富含叶酸和维生素C的食物。

桂圆鲜枣汁

——益气养血

准备好

鲜桂圆 150 克，鲜枣 100 克，凉开水 200 毫升。

这样做

1 鲜桂圆去皮、核，取肉切成小丁；鲜枣洗净，去核，切成小丁。

2 将切好的桂圆肉和鲜枣一同放入榨汁机中，加入凉开水，搅打成汁即可。

滑子菇芥菜汤

——益气养血

准备好

芥菜 250 克，滑子菇 50 克，姜片、清水各适量，盐、植物油各少许。

这样做

1 芥菜择洗干净，切段；滑子菇择洗干净，焯水。

2 锅倒油烧热，炒香姜片，倒入适量清水烧开，放入芥菜煮至断生，下入滑子菇煮沸，加盐调味即可。

红薯板栗排骨汤

——补血养血

准备好

猪小排200克，板栗35克，红薯50克，盐适量，味精3克，清水2000毫升，葱姜各10克，植物油少许。

这样做

1 猪小排剁成块飞水备用。

2 红薯去皮切成块；板栗去皮备用。

3 锅内放少许植物油爆香葱姜，放猪小排煸炒去除腥味，加清水2000毫升烧开转小火慢炖30分钟，放入板栗和红薯加盐、味精调味，慢火炖15分钟，红薯软后即可。

便秘

便秘通常与饮食和压力有关。饮食中缺乏水分和膳食纤维，或进食量少，都容易引起便秘；工作和生活节奏快、精神紧张也是造成便秘的原因之一。另外，老年人身体弱，活动量少，也是引发便秘的原因。

推荐食材

大白菜

润燥、通便

糙米

富含 B 族维生素，可促进肠道有益菌增殖，缓解便秘

玉米

富含膳食纤维，可促进大便排出，减轻便秘

芹菜

富含的膳食纤维能起到缓解便秘的作用

花生

富含的镁具有轻泻、软化粪便的作用

红薯

富含膳食纤维，能促进消化、改善长期便秘

饮食原则

要形成足量的大便，应多吃富含膳食纤维的食物，如粗粮、蔬菜、水果等。少吃辛辣食物，这类食物会使胃肠内积燥热，从而导致便秘。常便秘的人不妨把牛奶换成酸奶，因为富含有益菌的酸奶有助改善肠道菌群、调节肠道功能，从而缓解便秘。足量饮水，慢性便秘者每天的饮水量宜在 1500~2000 毫升。

芹菜葡萄汁

——通便润肠

准备好

芹菜 1 棵，鲜葡萄粒 200 克，凉开水 100 毫升，蜂蜜少许。

这样做

1 芹菜去根，洗净，留叶切成小段；鲜葡萄粒洗净，对半切开。

2 将切好的芹菜和鲜葡萄粒一同放入榨汁机中，加入凉开水和蜂蜜，搅打成口感细滑状即可。

牛奶白菜汤

——防止大便干燥

准备好

白菜 20 克，盐、清水、淡盐水各适量，牛奶 100 毫升。

这样做

1 白菜用淡盐水泡 5 分钟后清水冲洗干净后，剁碎。

2 锅内加清水烧开后放碎白菜，小火煮片刻。

3 捞出碎白菜，将白菜水凉至常温后，放入牛奶、盐调匀即可。

南瓜玉米羹

——呵护肠道健康

准备好

南瓜 50 克，玉米面 200 克，白糖、盐、植物油、清汤各适量。

这样做

1 将南瓜去皮，洗净，切成小块。

2 锅置火上，放适量的油烧热，放入南瓜块略炒后，再加入清汤，炖 10 分钟左右至熟。

3 将玉米面用水调好，倒入锅内，与南瓜汤混合，边搅拌边用小火煮，3 分钟后，搅拌至黏稠后，加盐和白糖调味即可。

感冒

感冒，俗称“伤风”，是最常见的疾病之一，通常在季节交替时，尤其是冬春交替时容易发病。普通感冒又分为风寒感冒、风热感冒、暑湿感冒等。通常以发热、鼻塞、流鼻涕、流眼泪、咳嗽、头痛、怕冷、全身不适等为主要表现。

推荐食材

生姜

温中散寒，能发汗解热，缓解感冒症状

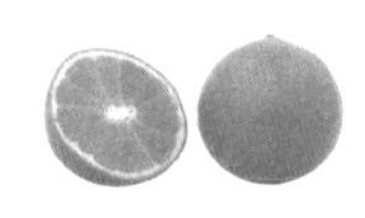

橙子

富含维生素C，对感冒的恢复有益

白萝卜

能清热解毒、止咳化痰，对风热感冒引起的咳嗽痰多尤为适宜

胡萝卜

富含的维生素A原对呼吸道黏膜起保护作用，可预防感冒

洋葱

能发散风寒、杀菌，可抗寒、抵御流行性感冒

饮食原则

感冒时合理饮食，能缓解不适症状。感冒者三餐宜清淡、易消化、少油腻，还要保证水分的摄入，多吃富含维生素的水果与蔬菜。风寒感冒者宜吃些葱、生姜等能发汗散寒的食物；风热感冒者宜吃白萝卜、白菜、梨等有助于疏散风热的食物。

苹果菠菜橙汁

——缓解咽喉肿痛

准备好

橙子1个，苹果1/2个，菠菜1小把，凉开水150毫升。

这样做

1 橙子洗净，去皮，除籽，切成小丁；苹果洗净，去蒂，除籽，切成小丁；菠菜择洗干净，焯水，过凉，攥去水分，切成小段。

2 将切好的橙子、苹果、菠菜一同放入榨汁机中，加入凉开水，搅打成口感细滑状即可。

红薯姜汤

——帮助发汗

准备好

红薯1个，生姜1块，红枣5粒，红糖、清水各适量。

这样做

1 红薯削皮，洗净，切块；生姜洗净，切片；红枣洗净。

2 红薯块和姜片一同放入汤锅中，加入没过锅中食材的清水，大火烧开后转小火煮至红薯八九成熟，下入红枣和红糖煮5分钟即可。

洋葱虾仁豆腐汤

——增强抵抗力

准备好

洋葱 1/2 个，豆腐 100 克，番茄 1 个，鸡蛋 1 个，虾仁 50 克，盐 2 克，香菜碎、姜片、清水各适量，植物油少许。

这样做

1 洋葱择洗干净，切小块；豆腐洗净，切块；番茄洗净，去蒂，切块；鸡蛋磕入碗中，打散；虾仁挑去虾线，洗净。

2 锅烧热，倒入植物油，炒香姜片，放入番茄和洋葱翻炒均匀，倒入没过锅中食材的清水，大火烧开后转小火煮 5 分钟，放入豆腐和虾仁煮熟，加盐调味，淋入蛋液搅成蛋花，撒上香菜碎即可。

更年期综合征

更年期综合征是由雌激素水平下降而引起的一系列症状，一般表现为失眠忧郁、心悸胸闷、出汗潮热、月经紊乱等。

推荐食材

黄豆

富含大豆异黄酮，可改善更年期不适症状

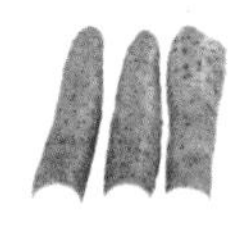

山药

富含植物雌激素，可缓解更年期症状

莲藕

可有效改善更年期心烦口渴等症状

桂圆

能有效缓解潮热、汗出等更年期不适症状

糙米

富含B族维生素、镁等营养素，可舒缓更年期焦躁不安的情绪

牛奶

对神经系统健康有益，能改善更年期睡眠质量较差的问题

饮食原则

宜吃些黄豆、绿豆、红小豆、鹰嘴豆等豆类，这些食物富含植物雌激素——异黄酮，能有效减轻潮热和盗汗等症状；增加钙的摄入量，摄取富含钙质的食物，能使人情绪保持稳定，有助改善更年期烦躁易怒，牛奶是最好的钙质来源。忌吃高脂肪、高胆固醇食物，因为更年期女性体内雌激素水平下降，易引起高胆固醇，导致动脉硬化的发生。

莲藕樱桃汁

——顺气养心

准备好

莲藕 200 克，大樱桃 150 克，凉开水 200 毫升。

这样做

1 莲藕去皮，洗净，切成小丁；大樱桃洗净，去蒂和籽，切小丁。

2 将切好的莲藕和大樱桃一同放入榨汁机中，加入凉开水，搅打成口感细滑状即可。

辣白菜豆腐汤

——缓解潮热症状

准备好

辣白菜 150 克，豆腐半块，姜末、蒜末、葱花、清水各适量，盐、植物油各少许。

这样做

1 辣白菜切成细丝；豆腐洗净，切小块。

2 锅烧热，倒入植物油，炒香姜末、蒜末，放入辣白菜丝翻炒均匀，将豆腐平铺在最上面，倒入没过豆腐的清水，大火烧开后转小火煮 15 分钟，加盐调味，撒上葱花即可。

山药鸡腿汤

——健脾滋阴

准备好

山药 150 克，胡萝卜 1/2 根，小鸡腿 2 个，姜片、葱花、清水各适量，盐 2 克，植物油少许。

这样做

1 山药削皮，洗净，切块；胡萝卜去蒂，洗净，切块；小鸡腿洗净，焯水，备用。

2 锅烧热，倒入植物油，炒香姜片，放入鸡腿翻炒均匀，加入没过鸡腿的清水，大火烧开后转小火煮 20 分钟，下入胡萝卜块和山药块煮熟，加盐调味，撒上葱花即可。

脂肪肝

脂肪肝是指肝细胞内脂肪堆积。肝细胞里含有的脂肪在 5% 以下，视为正常；如果含量在 30% 以上，称为肝的脂肪变性，也就是脂肪肝。脂肪肝不都是因为肥胖的缘故，长期酗酒、糖尿病、慢性肝炎、甲状腺功能亢进、营养不良、肠道菌群紊乱也会引发脂肪肝。

推荐食材

山楂

含有的解脂酶可促进脂质代谢，能降胆固醇、调脂

生姜

抑制胆固醇吸收，对脂肪肝的形成可起到抑制作用

海带

能祛脂降压、软坚散结，适用于各型脂肪肝

玉米

含有丰富的纤维素和糖类，有较好的辅助降血脂作用

黄豆

富含豆固醇，可降低胆固醇含量，有助于脂肪肝的康复

绿茶

具有辅助降低血中胆固醇、防止肝中脂肪积累的作用

饮食原则

控制能量、脂肪和胆固醇的摄入；每天每公斤体重给予 1~1.5 克蛋白质，有利于促进肝细胞的修复和再生，首选瘦肉、鱼、鸡蛋等富含优质蛋白质的食物；减少碳水化合物和甜食的摄入，如白糖、果酱、蜂蜜等；多吃新鲜蔬菜、水果和藻类。

奶香玉米汁

——健脾养胃

准备好

嫩玉米粒 30 克，低脂纯牛奶 300 毫升，哈密瓜 100 克。

这样做

1 嫩玉米粒洗净，煮熟；哈密瓜去皮和籽，洗净，切成小丁。

2 将熟玉米粒和切好的哈密瓜一同放入榨汁机中，加入低脂纯牛奶，搅打成口感细滑状即可。

枸杞黄鱼豆腐羹

——加速脂肪代谢

准备好

黄鱼肉 100 克，嫩豆腐 150 克，枸杞子 3 克，豆苗 3 克，清汤 400 克，盐、鸡粉、胡椒粉、水淀粉、香油各适量。

这样做

1 将黄鱼肉洗净，去皮去骨改刀切粒焯水。

2 嫩豆腐改刀切小粒，焯水。

3 锅内放入清汤放入鱼粒大火烧开后转小火，放入豆苗、嫩豆腐粒，枸杞子，加盐、鸡粉、胡椒粉调好口煨制入味，水淀粉勾芡点少许香油即可。

山楂银耳汤

——养肝祛瘀

准备好

鲜山楂 10 粒，干银耳 1 朵，清水 500 毫升，冰糖适量。

这样做

1 干银耳用清水泡发，去蒂，洗净，撕成小朵；鲜山楂洗净，去蒂、籽。

2 银耳放入汤锅中，加入 500 毫升清水，大火烧开后转小火煮 15 分钟，放入鲜山楂煮 5 分钟，加冰糖煮至化开即可。